KB201744

헬레비 뿌트꼬넨 지음 | 살미넨 따루 옮김 | 강미선 감수

담푸스

# 한국의 어린이에게

핀란드에서 초등학생들이 가장 많이 보는 교과서를 한국에 내어 기쁩니다.
〈핀란드 초등 교과서와 함께 떠나는 수학 여행〉은 초등학교 저학년 어린이의 수학 기초를 튼튼히 다질 수 있는 학습책입니다.
이 책은 수학의 기본 개념을 이해하고, 100까지 수를 배우고, 더해서 10이 넘는 덧셈과 뺄셈을 계산하는 법을 익히고, 도형과 측정의 기본을 배우고, 이를 일상 생활에서 적용하여 문제 해결력을 키우는 내용으로 구성하였습니다.
본책에서 배운 내용을 확인하고 확장 학습을 할 수 있는 별책 부록 그리고 자리판과 학습에 이용할 수 있는 부속 자료를 함께 만들어 넣었습니다.

본책은 모두 3단원으로 구성하였고, 쪽 밑에는 수학을 우리 일상 생활과 연결시켜 주고 활용할 수 있는 짧고 위트 있는 문장들이 있습니다. 단원마다 친구나 가족이 함께 팀을 이루어 게임도 할 수 있고, 단원이 끝나는 마지막에는 단원에서 배운 내용을 확인하는 복습 문제들이 있습니다.

핀란드 어린이들도 가장 좋아하는 이 책과 함께 수학 여행을 하면서 수학의 기초를 튼튼히 다지고, 생활에서 응용할 수 있는 생각하는 힘을 함께 길러 보세요.

대표 저자 헬레비 뿌트꼬넨

# 부모님께

이 책은 〈핀란드 초등 교과서와 함께 떠나는 수학 여행〉 제2권입니다. 모두 세 개의 단원으로 전개되는데, 1단원에서는 합이 10보다 큰 한 자리 수의 덧셈과 두 자리 수 – 한 자리 수, 2단원은 0에서 100까지의 수와 두 자리 수의 덧셈과 뺄셈, 3단원은 측정의 기본 원리와 도형의 분류입니다.
연산 영역은 우리나라 교과서 1학년 2학기에서 2학년 1학기 정도의 진도에 해당하며, 지루하지 않고 즐겁게 배울 수 있도록 구성하였습니다. 측정 영역은 우리나라 교과서 2학년의 〈길이재기〉와 3학년 2학기 〈부피〉단원에 해당하며, 쉬우면서도 깊이 있게 구성되었습니다. 〈입체 도형과 평면 도형의 분류하기〉는 1학년 〈도형〉단원에 해당하며 균형 잡힌 도형 감각을 기를 수 있도록 구성되었습니다.
효과적인 학습을 위해서는 1, 2단원은 진도에 맞게 사용하고 3단원은 다음 학기 예습이나 이전 학기 복습 때 사용하는 것이 좋습니다.

각 단원에는 재미있는 게임들이 들어있고, 마지막 쪽에는 본문의 내용을 잘 익혔는지 평가할 수 있는 〈확인하기〉 코너가 있습니다. 본문 아래의 위트 있는 짧은 글들은 휴식 같은 즐거움을 주고, 학부모들께 드리는 도움말을 참고하면 저자의 의도를 파악하여 효과적으로 지도할 수 있습니다.
본책 외에 부록과 부속물이 있는데, 부록에는 좀 더 연습할 수 있는 문제들이 들어 있고, 부속물은 계산판, 동전 카드, 숫자 카드, 게임에 필요한 자료 등 본책으로 수업하는 데 필요한 자료들로 구성되어 있습니다.

## 차례

# 1 합이 10보다 큰 한 자리 수의 덧셈과 두 자리 수-한 자리수

- 0에서 20까지 수 복습하기
- 더해서 10이 넘는 덧셈(예: 8+7)
- 10이 넘는 수와 한 자리 수 뺄셈(예: 12-4)
- 문제 해결력 키우기

핀란드는 생활 속에서 수학을 활용할 수 있는 교육을 하고 있습니다. 그래서 돈을 이용해서 수를 가르치고, 계산을 많이 하게 합니다. 이 책에서도 이런 점에 고려하여, 핀란드 교과서와 똑같이 우리 실생활에서는 잘 쓰지 않지만, 1원, 5원 동전도 수와 숫자 그리고 돈의 개념을 알려주고, 계산에 이용하기 위해 넣었습니다. 책 뒤에는 동전 카드도 함께 수록하였습니다. 공부나 책에 있는 놀이를 할때 이용해 보세요.

불꽃놀이를 하고 있어요. 하늘에 있는 불꽃이 각각 몇 개가 있나요? 세어서 □ 안에 쓰세요.

삼-이-일-영, 이제 더 이상 우린 초보가 아니야. 수학 속으로 여행을 계속하자!

○ 돈이 얼마가 있나요? 동전을 보고 □ 안에 쓰세요.

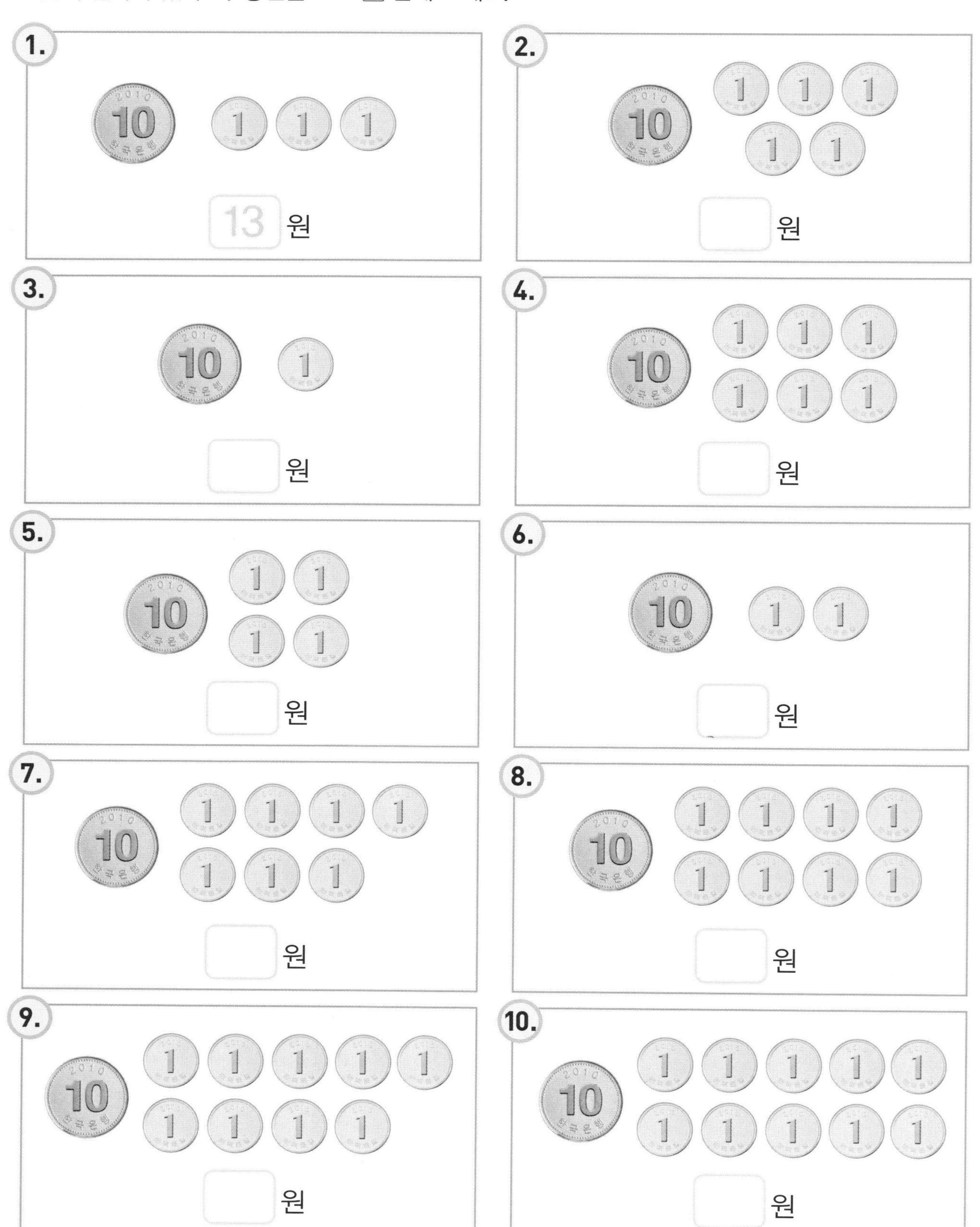




1권에서 배운 걸 잘 기억하면
이 문제들을 쉽게 풀 수 있을 거야.

공부한 날 월 일

얼마가 있나요? 동전을 보고 □ 안에 쓰세요.

**1.**

□ 원

**2.**

□ 원

**3.**

□ 원

**4.**

□ 원

**5.**

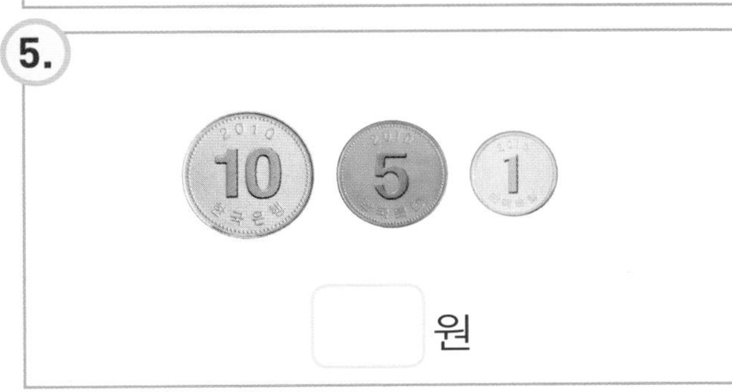


□ 원

**6.**

□ 원

**7.**

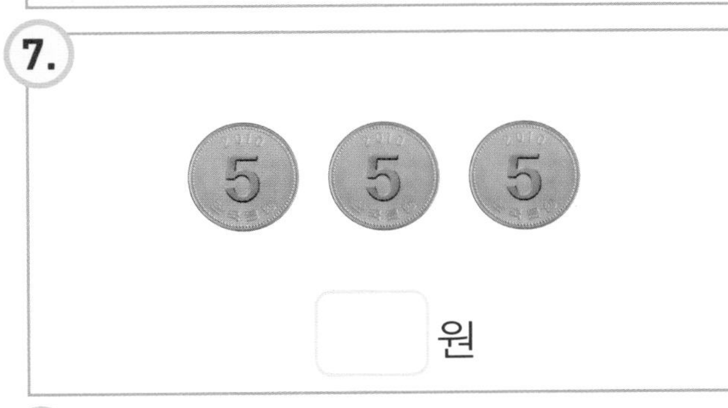


□ 원

**8.**

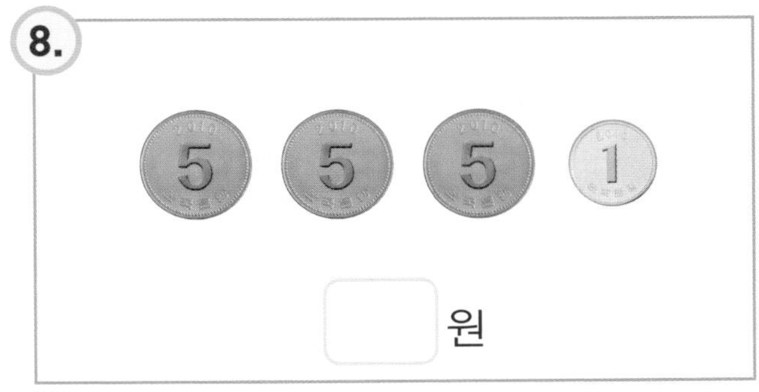


□ 원

**9.**

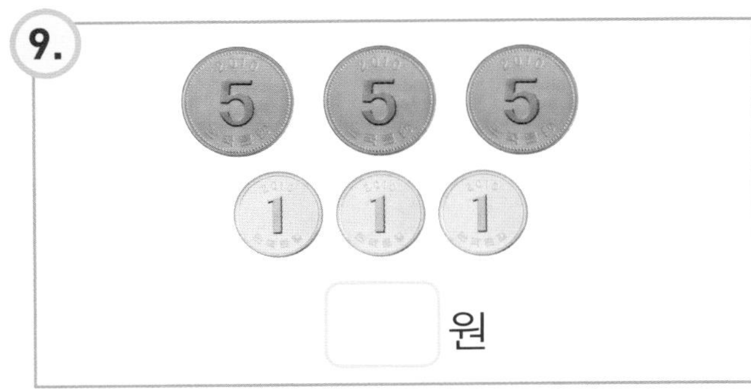


□ 원

**10.**

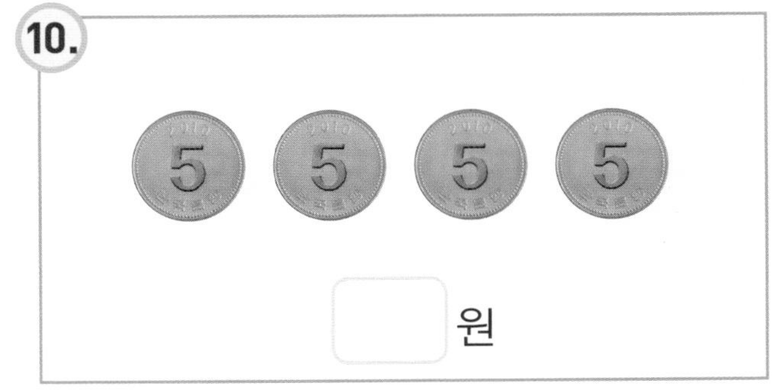


□ 원

빈 동그라미를 4개씩 더 색칠하세요. 색이 칠해진 동그라미는 모두 몇 개가 되었나요?

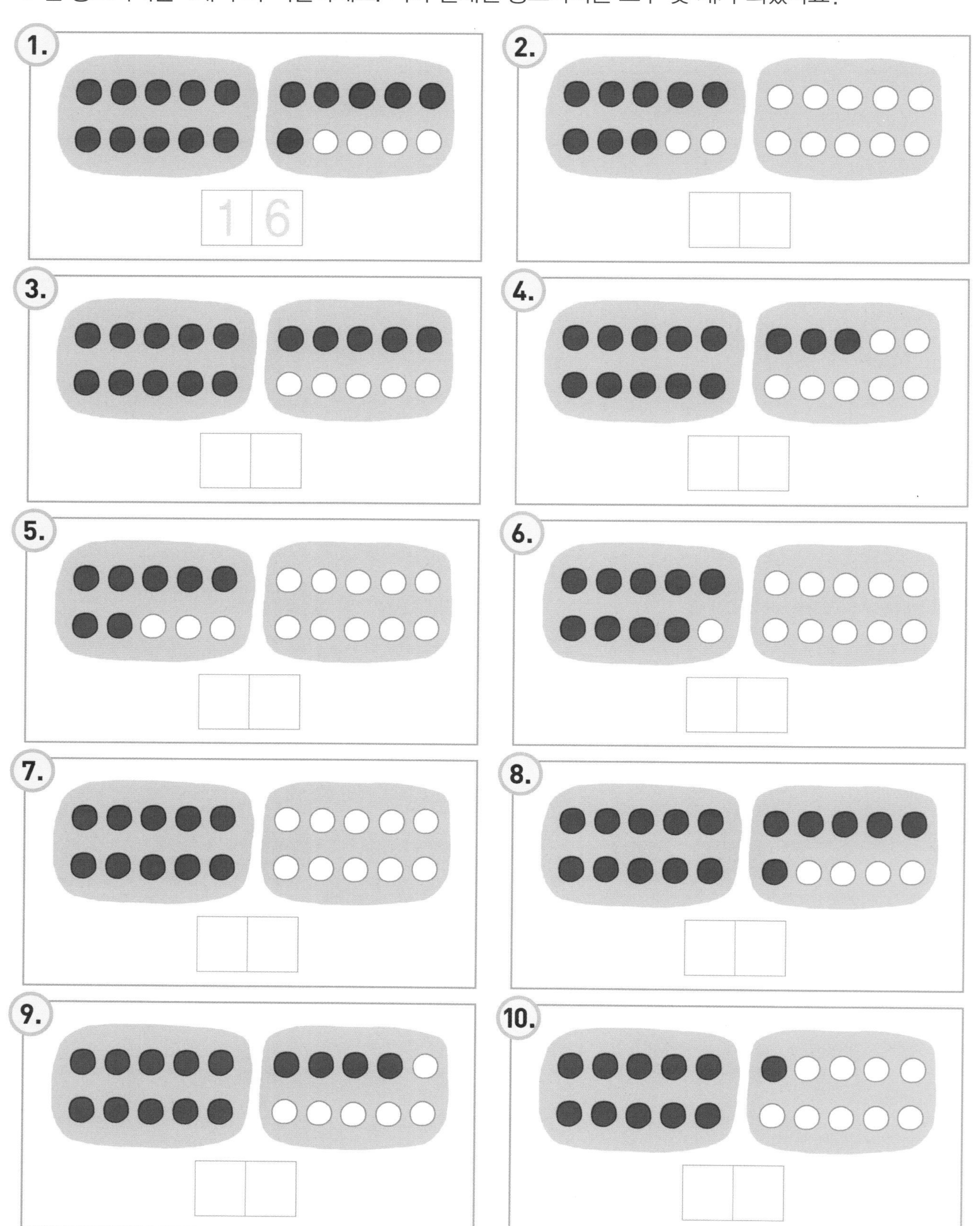


팔(8)과 육(6)을 더하면 십(10)보다 더 많아요. 어떻게 세면 쉬울까요? 일단 10씩 묶고 나서 나머지를 세면 돼요.

빈 동그라미를 6개씩 더 색칠하세요. 색이 칠해진 동그라미는 모두 몇 개가 되었나요?

1.
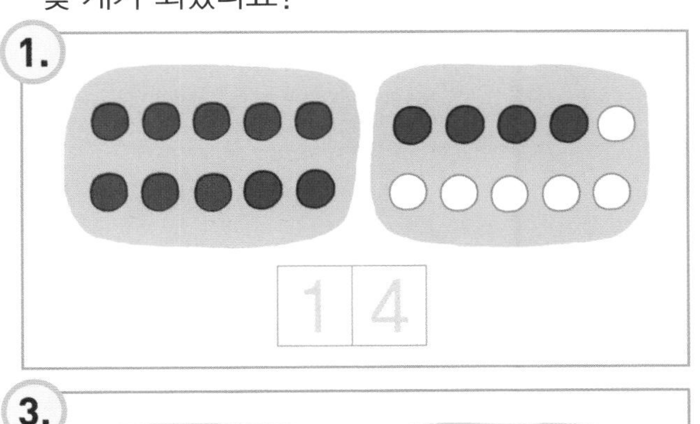


2.
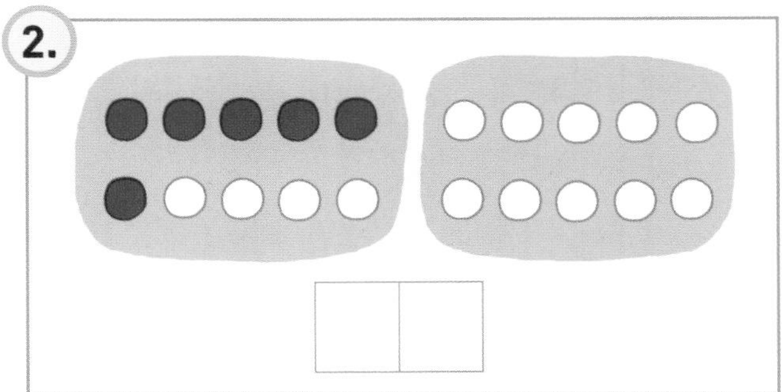

3.
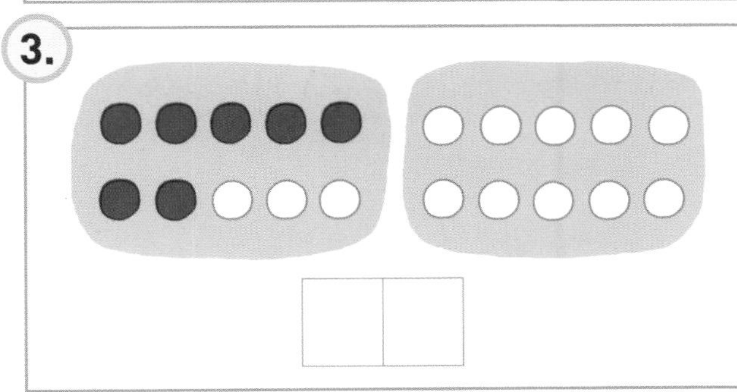

4.
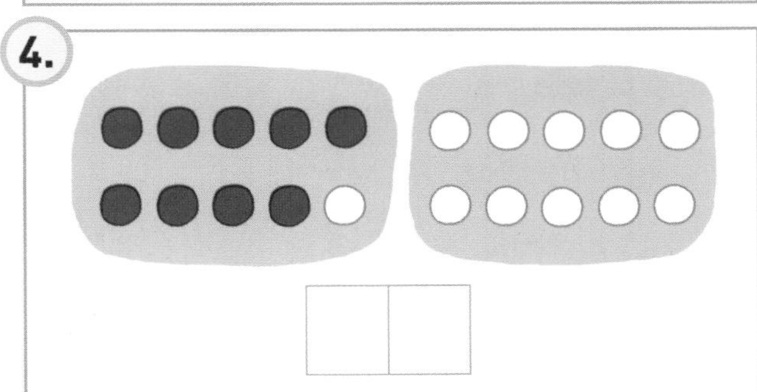

5.
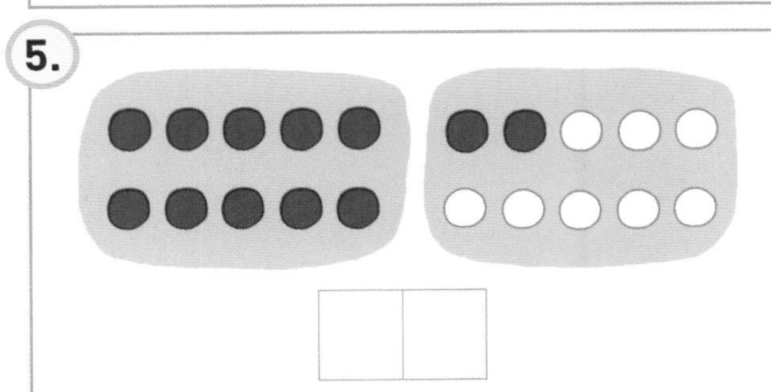

6.
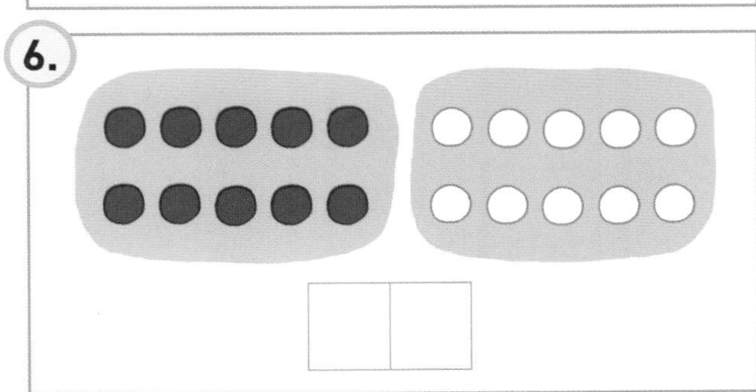

7.
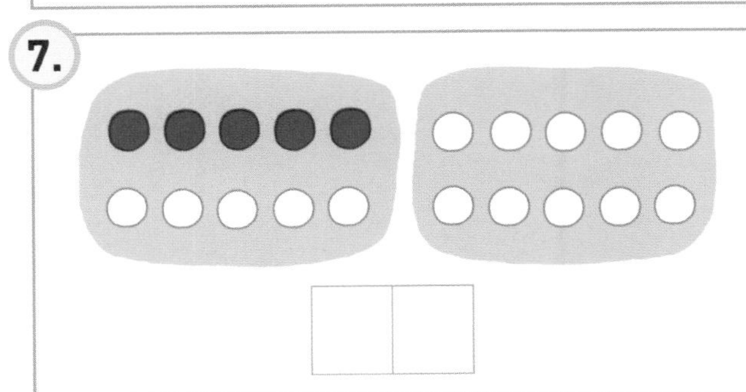

8.
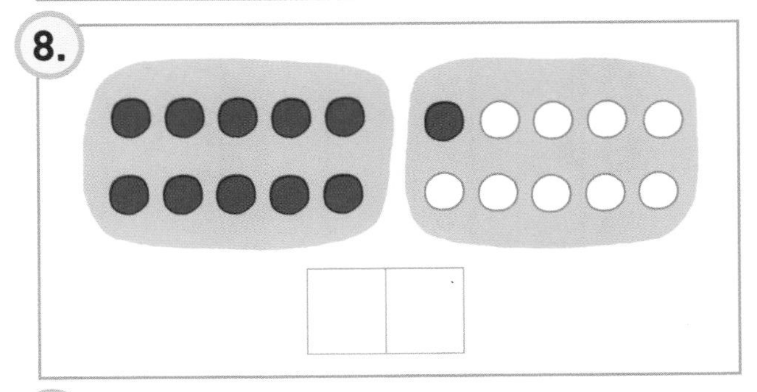

9.
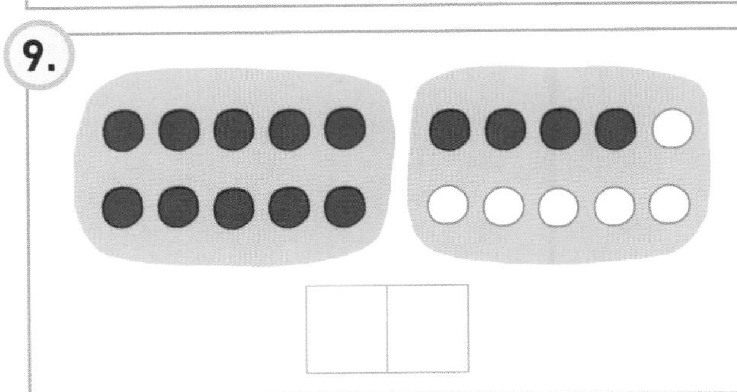

10.
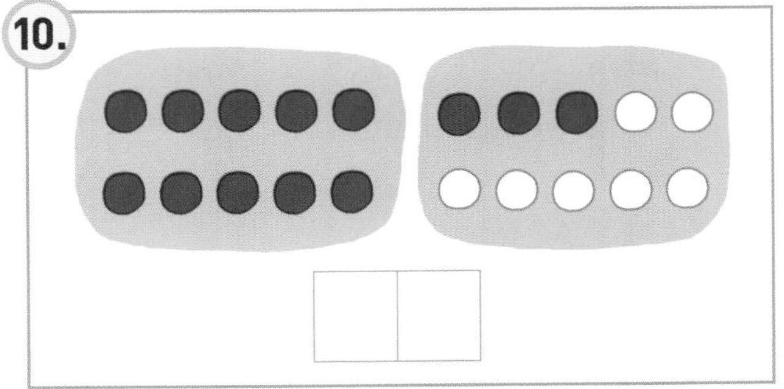

좋은 방법을 가르쳐 줄게. 일단 십(10)까지 채워 보고 남은 것은 십(10)에 더하면 돼.

# 두 수 비교하기

○ >와 <를 따라서 그려 보세요.

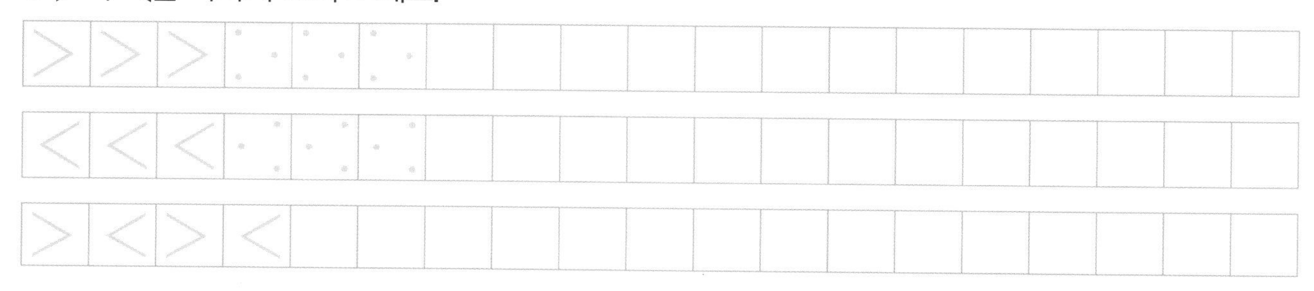

○ 큰 수 쪽으로 벌어지게 >와 <를, 서로 같으면 =를 □ 안에 표시하세요.

공부한 날 월 일

○ 각각 얼마인지 쓰고, 값을 비교해서 >, < 또는 =를 넣으세요.

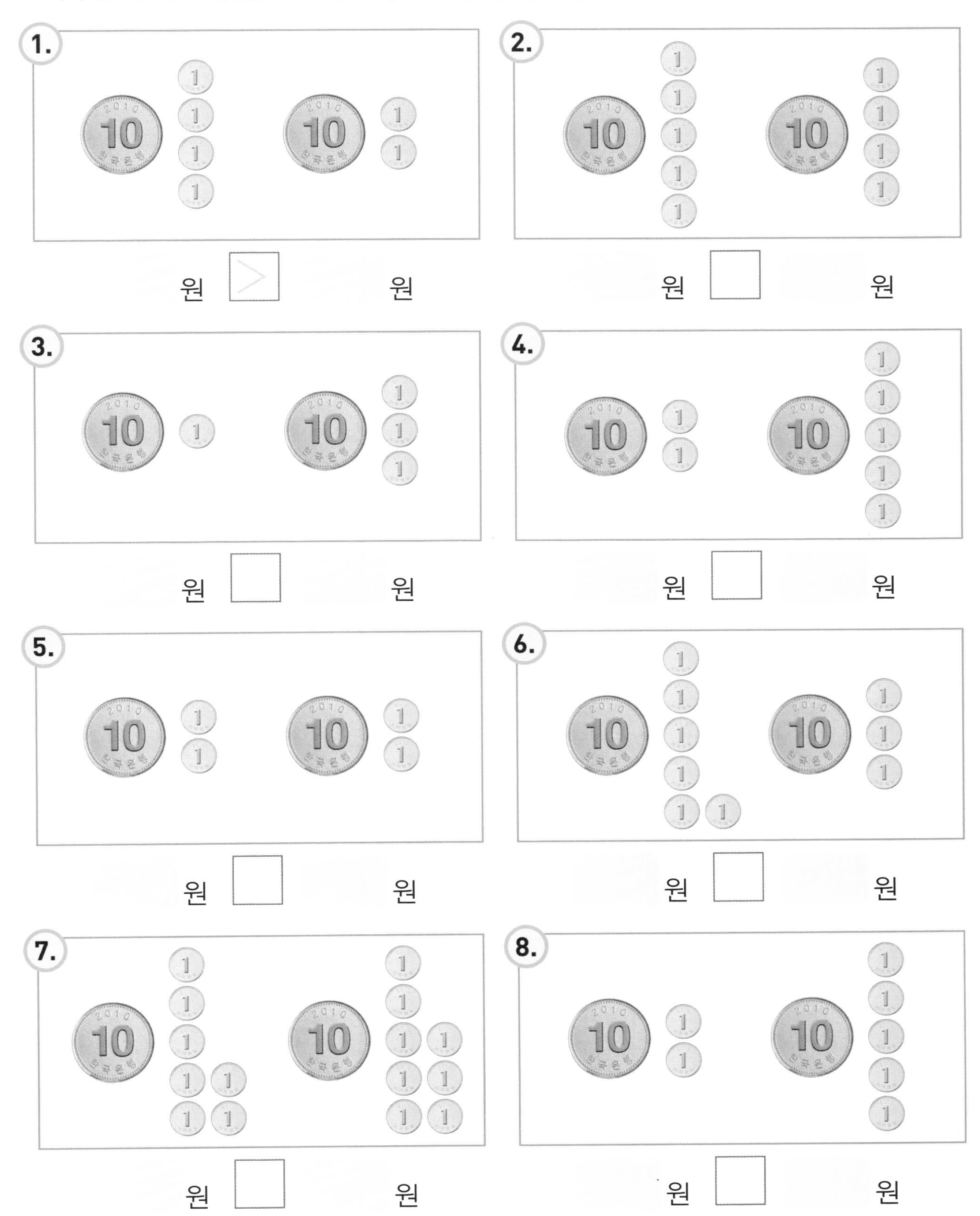

## 두 수 비교하기

두 수의 크기를 비교해 보고, 올바른 기호를 골라서 쓰세요.

**1.** 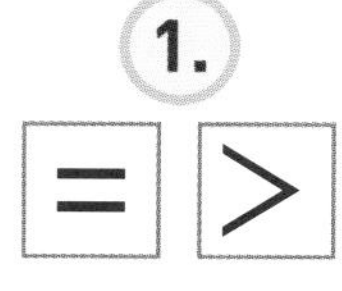


| 9 | > | 6 |
|---|---|---|
| 7 | | 1 |
| 5 | | 5 |
| 1 | | 0 |
| 0 | | 0 |
| 8 | | 2 |

**2.** = <

| 1 | < | 6 |
|---|---|---|
| 7 | | 7 |
| 0 | | 5 |
| 8 | | 9 |
| 3 | | 7 |
| 1 | | 1 |

**3.** = >

| 1 | 4 | > | 1 | 0 |
|---|---|---|---|---|
| 2 | 0 | | 2 | 0 |
| 1 | 7 | | 1 | 5 |
| 1 | 1 | | 9 | |
| 1 | 9 | | 1 | 0 |
| 1 | 2 | | 8 | |

**4.** = <

| 1 | 2 | < | 1 | 6 |
|---|---|---|---|---|
| | 5 | | 1 | 1 |
| | 0 | | 0 | |
| 1 | 3 | | 1 | 7 |
| 1 | 5 | | 2 | 0 |
| 1 | 4 | | 1 | 4 |

다음 수들을 보고, 가장 작은 수부터 차례대로 쓰세요.

**5.** 6 5 2 10 9

| 2 | 5 | | | |
|---|---|---|---|---|

**6.** 4 14 15 10 5

| | | | | |
|---|---|---|---|---|

**7.**

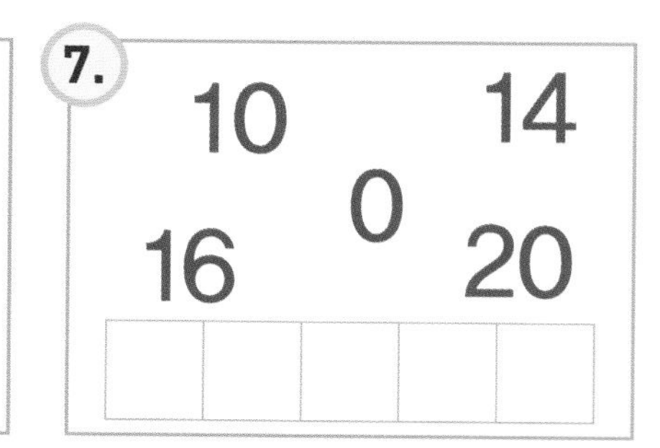


다음 수들을 보고, 가장 큰 수부터 차례대로 쓰세요.

**8.**

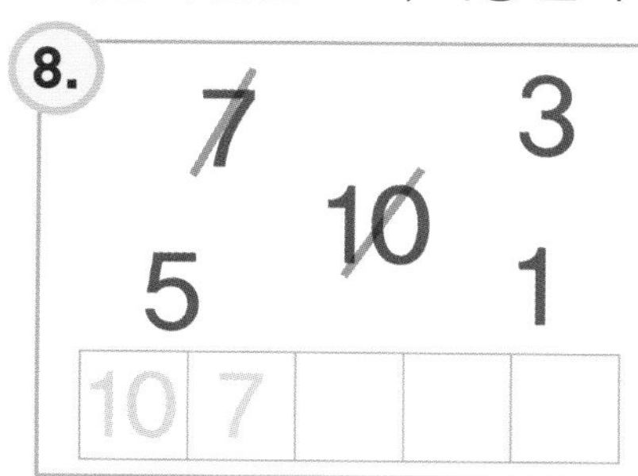


**9.**

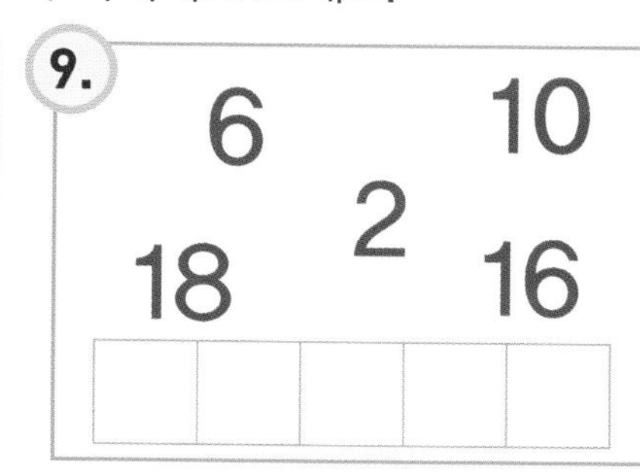


**10.** 11 1 0 20 10

| | | | | |
|---|---|---|---|---|

두 수를 잘 비교해 봐. 그리고 어느 방향인지 잊어버렸으면 다시 시작해 봐.

# 방학 때 책을 이만큼 읽었어요!

뚜기는 **9**권을 읽었어요.

태풍은 **8**권을 읽었어요.

키티는 **10**권을 읽었어요.

루루는 **4**권을 읽었어요.

멍군은 **2**권을 읽었어요.

여우 선생님은 **5**권을 읽었어요.

| 누가 책을 더 많이 읽었나요?<br>그리고 몇 권을 더 읽었나요? |
|---|
|  이  보다  1 권 더 읽었어요. |
|  이  보다  권 더 읽었어요. |
|  이  보다  권 더 읽었어요. |
|  이  보다 권 더 읽었어요. |
|  이  보다 권 더 읽었어요. |
|  이  보다 권 더 읽었어요. |

| 누가 책을 덜 읽었나요?<br>그리고 몇 권을 덜 읽었나요? |
|---|
|  이  보다  1 권 덜 읽었어요. |
|  이  보다  권 덜 읽었어요. |
|  이  보다 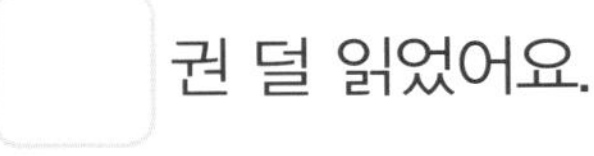 권 덜 읽었어요. |
|  이  보다 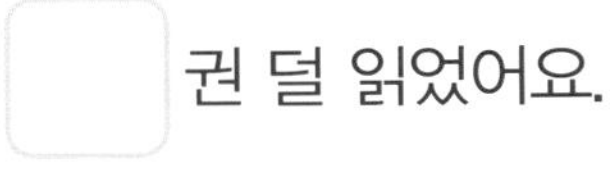 권 덜 읽었어요. |
|  이  보다 권 덜 읽었어요. |
|  이  보다  권 덜 읽었어요. |

## 영을 조심해요!

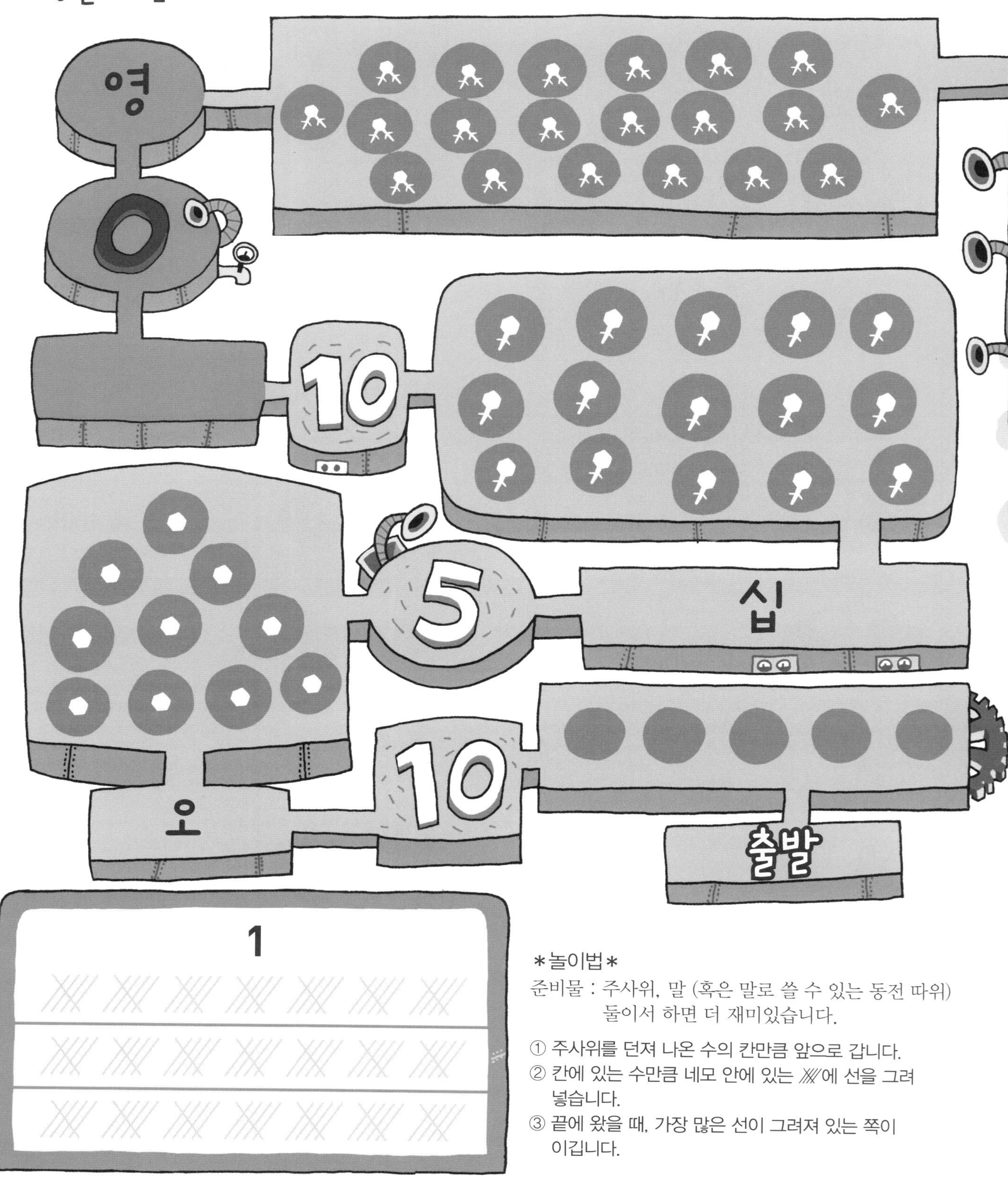


*놀이법*

준비물 : 주사위, 말 (혹은 말로 쓸 수 있는 동전 따위)
둘이서 하면 더 재미있습니다.

① 주사위를 던져 나온 수의 칸만큼 앞으로 갑니다.
② 칸에 있는 수만큼 네모 안에 있는 ///에 선을 그려 넣습니다.
③ 끝에 왔을 때, 가장 많은 선이 그려져 있는 쪽이 이깁니다.

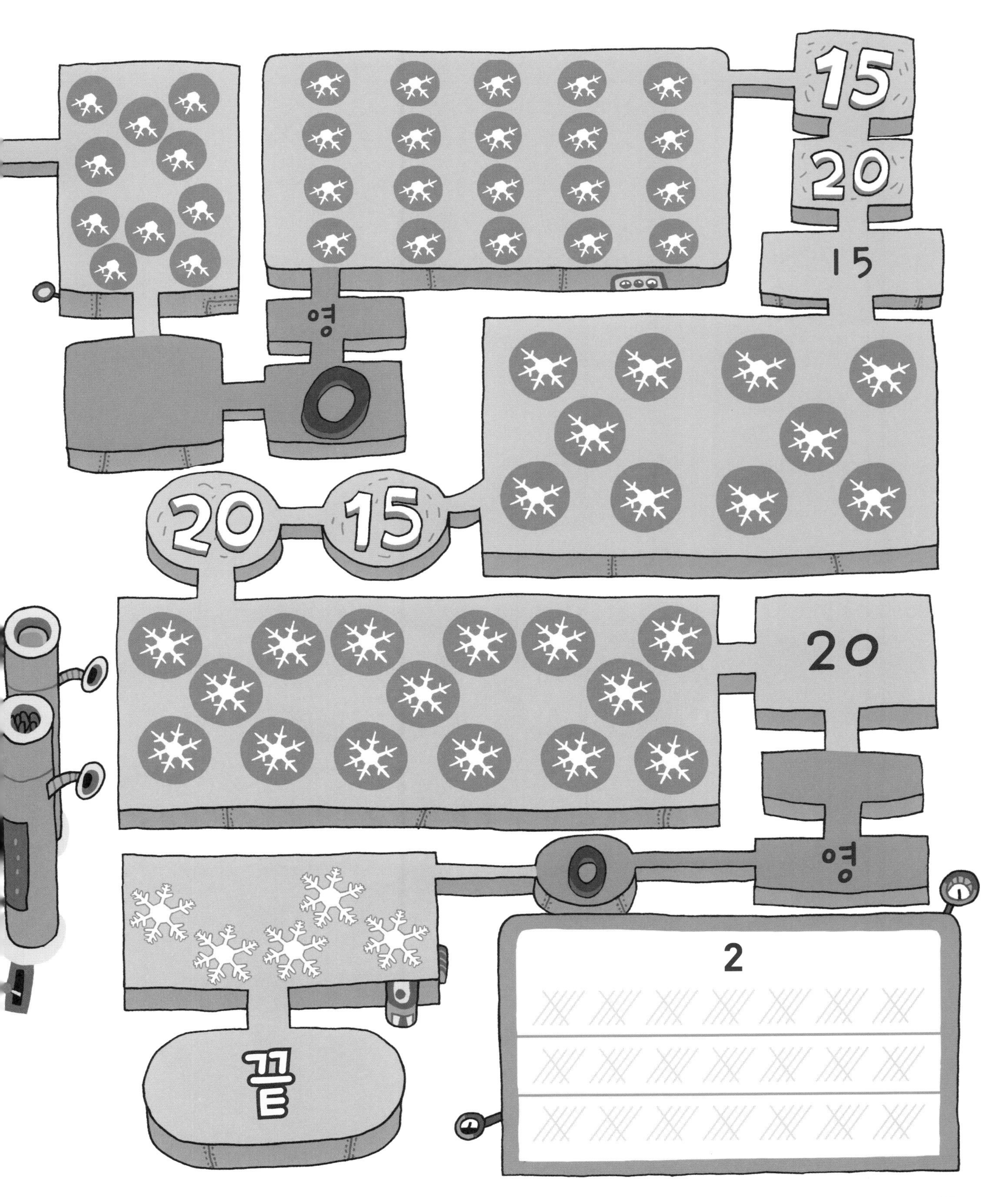
15
20
15
영
0
20
15
20
영
0
끝
2

## 함께 놀이를 해요 – 0에서 20까지 거꾸로 세어 보기

*부모님께*
수를 거꾸로 20부터 0까지 세어 보게 합니다. 간식을 먹을 때나, 줄넘기, 공 던지기 같은 놀이를 할 때도 수 세기를 해 보세요.

공부한 날 월 일

덧셈과 뺄셈을 해서 나온 수를 □ 안에 쓰세요.

**1.**

$6+1=\square$
$1+4=\square$
$8+1=\square$
$1+9=\square$
$7+1=\square$
$1+5=\square$

**2.**

$5-1=\square$
$7-1=\square$
$9-1=\square$
$6-1=\square$
$2-1=\square$
$4-1=\square$

**3.**

$5+2=\square$
$2+8=\square$
$3+2=\square$
$2+6=\square$
$7+2=\square$
$2+2=\square$

**4.**

$6-2=\square$
$3-2=\square$
$5-2=\square$
$9-2=\square$
$7-2=\square$
$4-2=\square$

**5.**

$1+1+1=\square$
$1+2+0=\square$
$2+1+2=\square$
$2+2+2=\square$
$3+1+0=\square$
$3+1+2=\square$
$3+2+2=\square$

**6.**

$6-1-1=\square$
$9-2-0=\square$
$5-3-2=\square$
$7-0-7=\square$
$4-2-2=\square$
$8-0-2=\square$
$3-2-1=\square$

**7.**

$4+2-6=\square$
$5-1+2=\square$
$7-2-2=\square$
$1+2+2=\square$
$8-2-2=\square$
$5+2-7=\square$
$7-2+1=\square$

**8.**

$3+3=\square$
$4+3=\square$
$3+4=\square$
$4+4=\square$
$6+3=\square$
$5+4=\square$

**9.**

$4-2=\square$
$6-3=\square$
$8-4=\square$
$7-3=\square$
$9-4=\square$
$8-3=\square$

**10.**

$5+5=\square$
$8+2=\square$
$6+2=\square$
$1+9=\square$
$4+3=\square$
$7+3=\square$

**11.**

$10-1=\square$
$10-3=\square$
$10-5=\square$
$10-2=\square$
$10-4=\square$
$10-7=\square$

## 어림해 보기

아래 물건을 재면 클립으로 몇 개일까요? 먼저 생각을 해 보고,
비슷한 개수에 ◯표를 하세요.

**1.**

가위의 길이는
클립으로
약 5개
15개예요.

**2.**

일회용 컵의 높이는
클립으로
약 4개
14개예요.

**3.**

책의 길이는
클립으로
약 10개
20개예요.

**4.**

책의 넓이는
클립으로
약 8개
18개예요.

**5.**

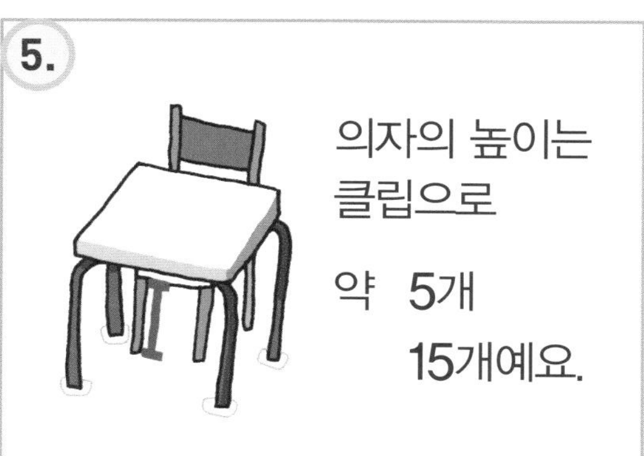

의자의 높이는
클립으로
약 5개
15개예요.

**6.**

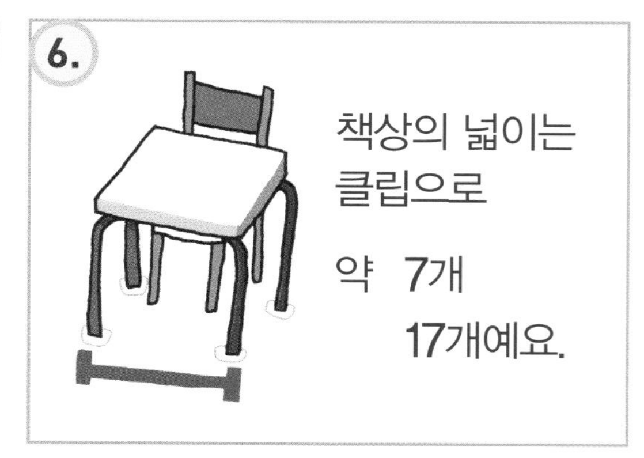

책상의 넓이는
클립으로
약 7개
17개예요.

*부모님께*
잴 물건에 단위가 몇 번이나 들어가는지 살펴봅니다. 단위는 연필과 클립, 혹은 지우개 같은 것입니다. 그리고 나서 실제로 재 보고 생각한 개수와 맞는지, 비슷한지 이야기를 나누어 보세요.

다른 단위로 물건을 재어 본다면 몇 개쯤 될까요? 자기 생각과 같은 수에다 ○표를 하세요.

**1.**

풀의 무게를
연필로 재면
약 3개
15개예요.

**2.**

계산기의 무게를
연필로 재면
약 2개
10개예요.

**3.**

책의 무게를
숟가락으로 재면
약 3개
15개예요.

**4.**

CD의 무게를
숟가락으로 재면
약 3개
12개예요.

**5.**

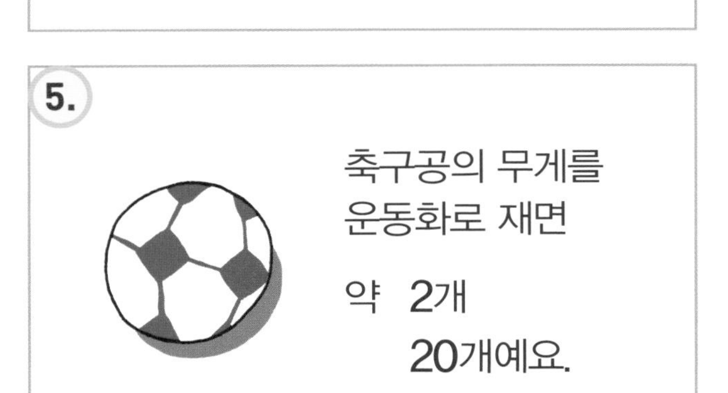

축구공의 무게를
운동화로 재면
약 2개
20개예요.

**6.**

주스 1리터의 무게를
운동화로 재면
약 5개
18개예요.

처음 금액에다 3원을 더 더해 보세요. 그다음 덧셈식으로 쓰세요.

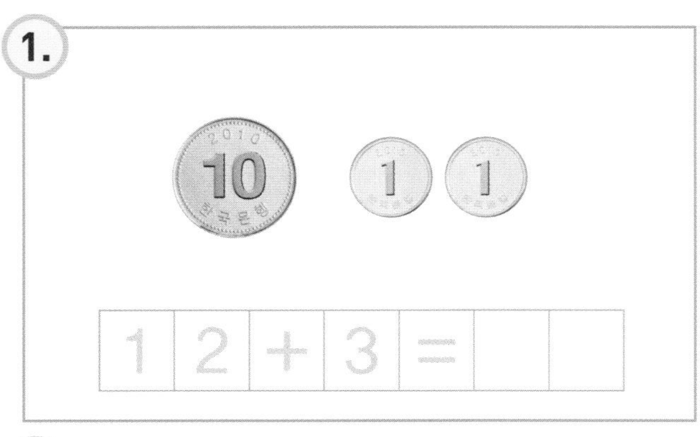


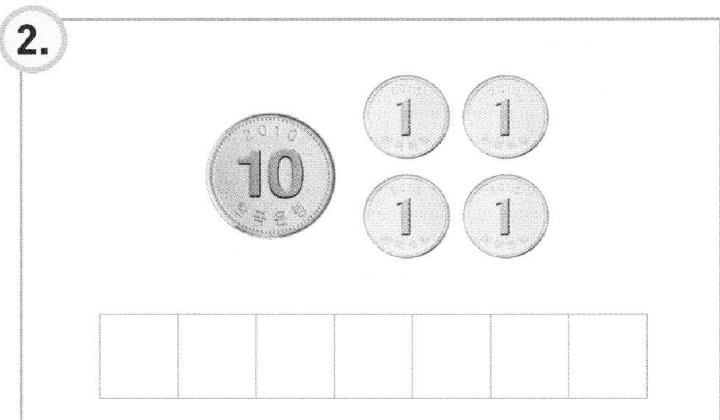


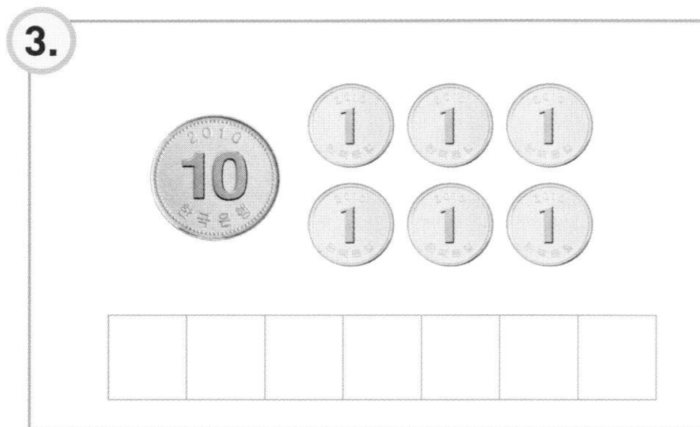


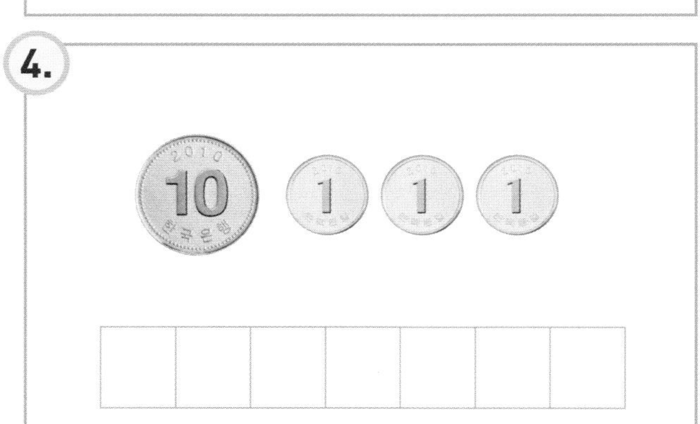


처음 금액에서 2원을 빼 보세요. 그다음 뺄셈식으로 쓰세요.

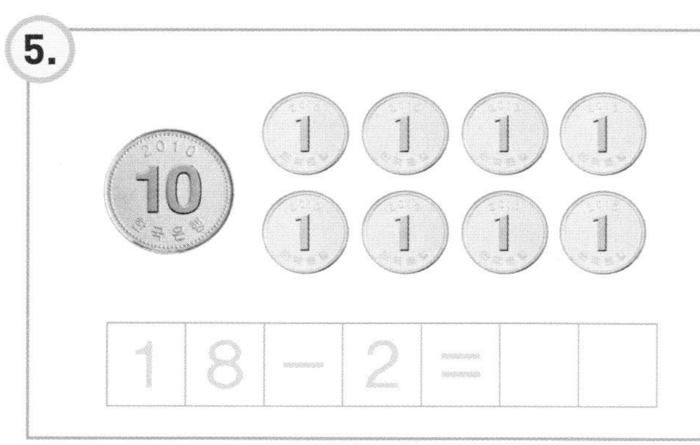


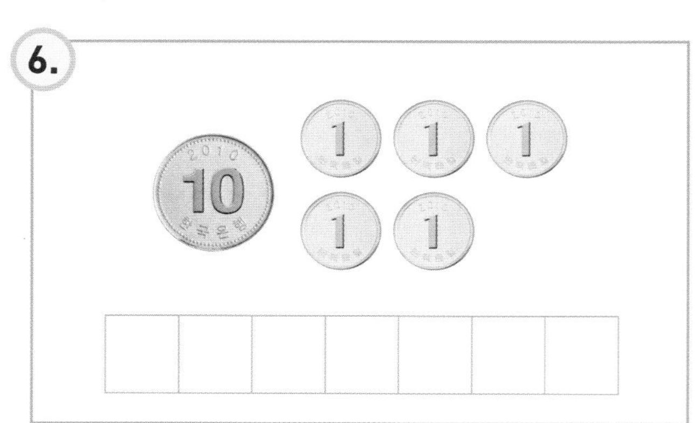

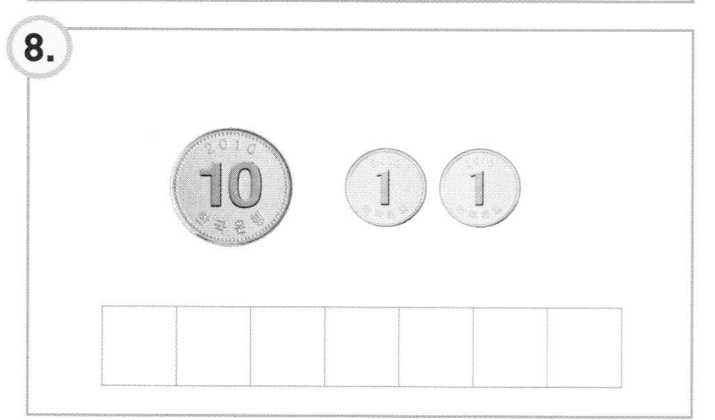

◎ 20원이 있는 주머니를 찾아 ○표를 하세요. 모두 3개가 있답니다.

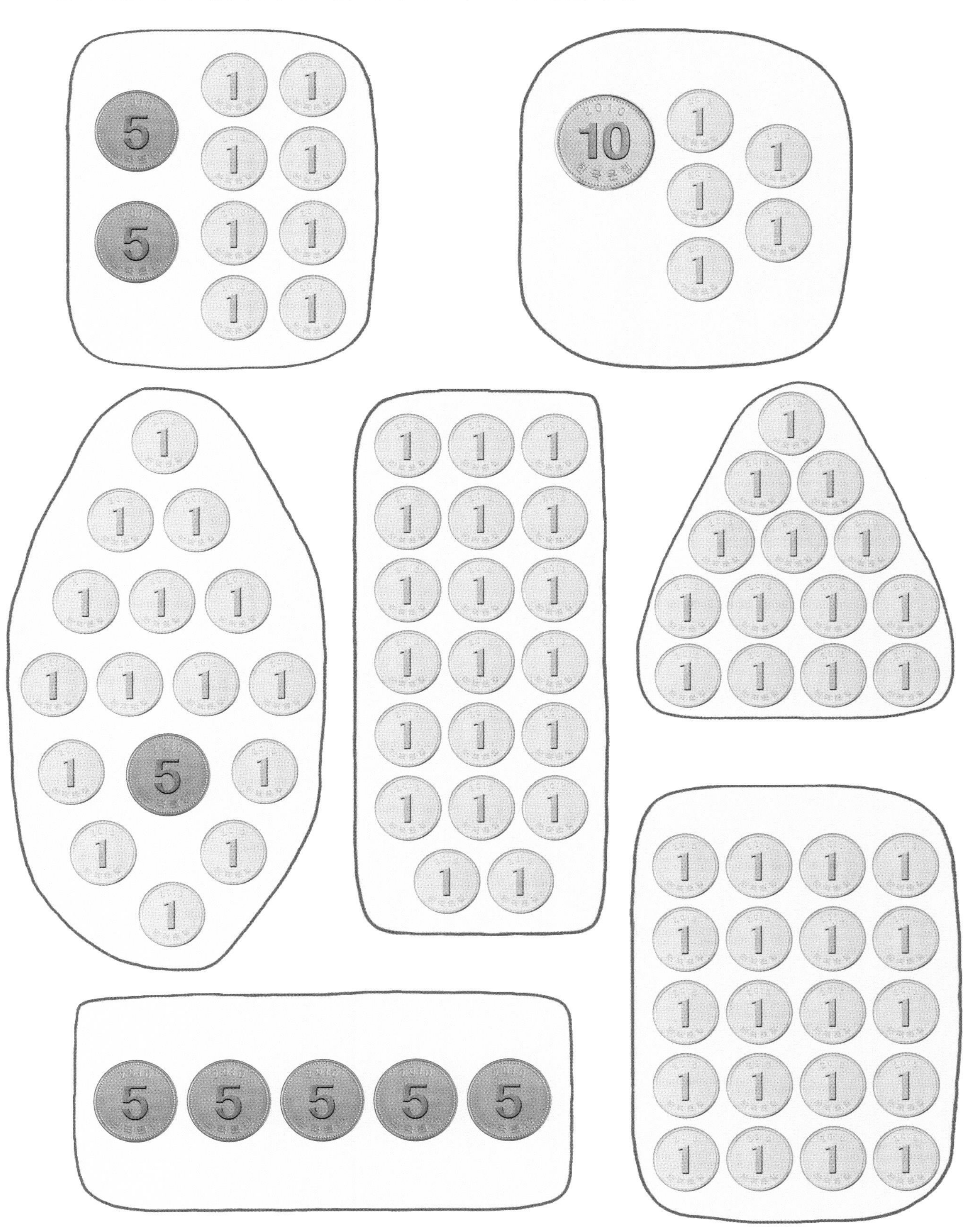

➲ 내가 가진 돈에서 12원을 빼면, 얼마가 남을까요? 뺄셈식을 쓰면서 해 보세요.

**1.**

| 1 | 9 | − | 1 | 2 | = | |
|---|---|---|---|---|---|---|

**2.**

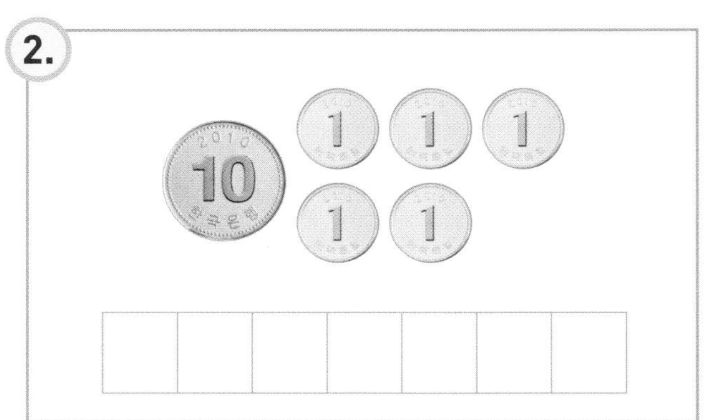

| | | | | | | |
|---|---|---|---|---|---|---|

**3.**

| | | | | | | |
|---|---|---|---|---|---|---|

**4.**

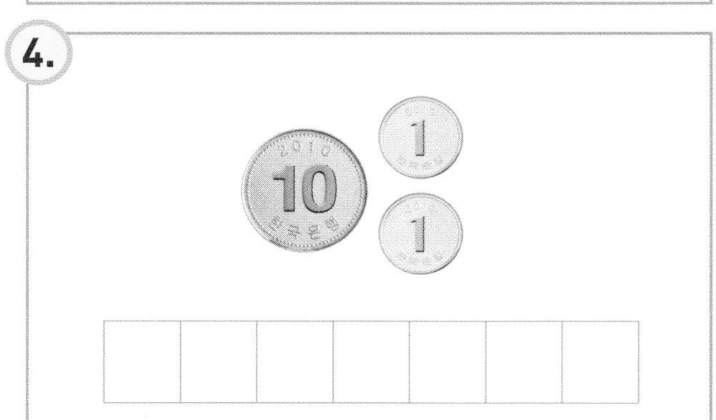

| | | | | | | |
|---|---|---|---|---|---|---|

➲ □ 안에 답을 쓰세요.

**5.**

$8 - 3 = \square$

$18 - 13 = \square$

$6 - 5 = \square$

$16 - 15 = \square$

**6.**

$7 - 1 = \square$

$17 - 11 = \square$

$9 - 5 = \square$

$19 - 15 = \square$

**7.**

$5 - 0 = \square$

$15 - 10 = \square$

$4 - 4 = \square$

$14 - 14 = \square$

**8.**

$3 - 1 = \square$

$13 - 11 = \square$

$8 - 5 = \square$

$18 - 15 = \square$



많이 빼야 되니까 문제를 꼼꼼히 풀어야 돼.

누구 점수가 가장 높을까요? □ 안에 점수를 쓰고, 가장 높은 점수를 받은 친구에게 ○표를 하세요.



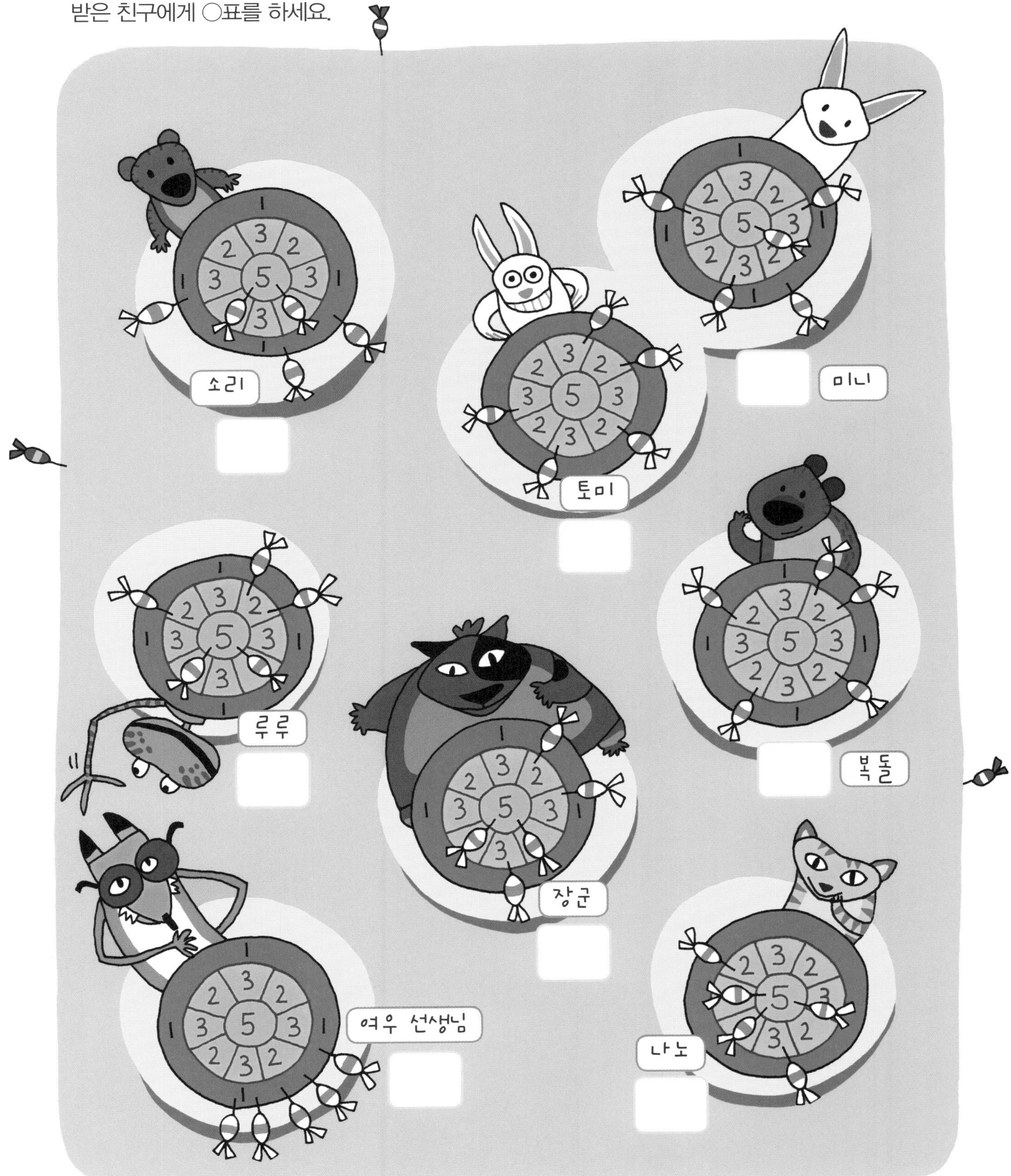


"다트 던지기를 한 지 오래돼서 잘 안 되네." 여우 선생님이 말씀하시네요.

## 뺄셈이 맞는지 덧셈으로 확인하기

원래 10개가 있었어요. 몇 개가 모자른지 확인해 보세요.

10 − 8 =

확인해 보기 8 + =

10 − 4 =

확인해 보기 4 + =

뺄셈으로 정답을 확인하세요.
틀린 답은 바르게 고쳐 보세요.

| | | | | | | | | | |
|---|---|---|---|---|---|---|---|---|---|
| 1 | 5 | − | 1 | 0 | = | 5 | → | | |
| 1 | 8 | − | 1 | 5 | = | 5 | → | 3 | |
| 1 | 6 | − | 1 | 2 | = | 5 | → | | |
| 1 | 9 | − | 1 | 8 | = | 5 | → | | |
| 1 | 7 | − | 1 | 4 | = | 5 | → | | |
| 1 | 4 | − | 1 | 1 | = | 5 | → | | |
| 1 | 9 | − | 1 | 4 | = | 5 | → | | |
| 1 | 7 | − | 1 | 1 | = | 5 | → | | |

두 수를 보고, '합'과 '차'가 얼마인지 수식을 쓰면서 확인해 보세요.

| | 합 | 차 |
|---|---|---|
| 10과 8 | 10 + 8 = | ★ ★ 10 − 8 = |
| 13과 3 | | ★ ★ |
| 17과 2 | | ★ ★ |
| 15와 5 | | ★ ★ |
| 14와 3 | | ★ ★ |

공부한 날 월 일

둘의 이야기를 보고, 문제를 풀어 보세요.

1.

2.

3.

4.

5.

6.

거꾸로 더해 보면 뺄셈이 맞는지 쉽게 알 수 있다. 10−8=2 → 2+8=10

## 수가 20이 되는 더하기와 20에서 빼기

더해서 20이 되는 수와 20에서 얼마를 빼면 얼마가 남는지 식으로 확인해 보세요.

**1.** 1 9 + 1 = 

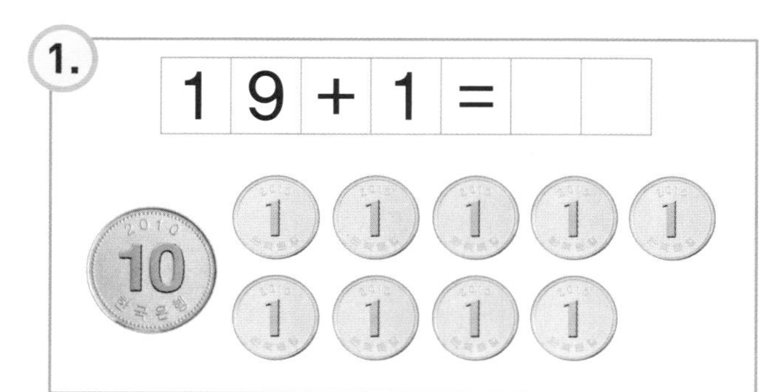

**2.** 2 0 − 5 = 

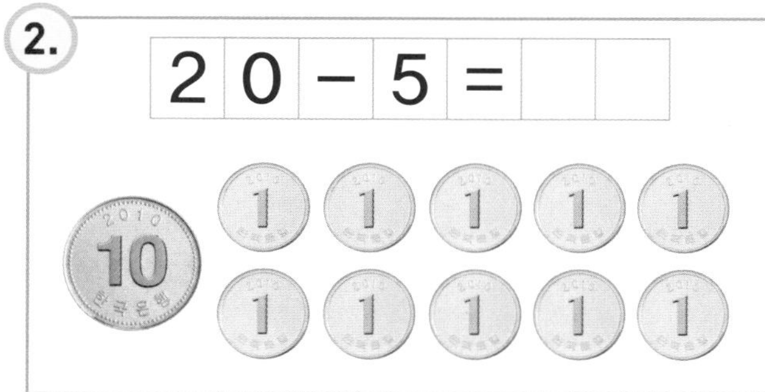

**3.** 1 6 + 4 = 

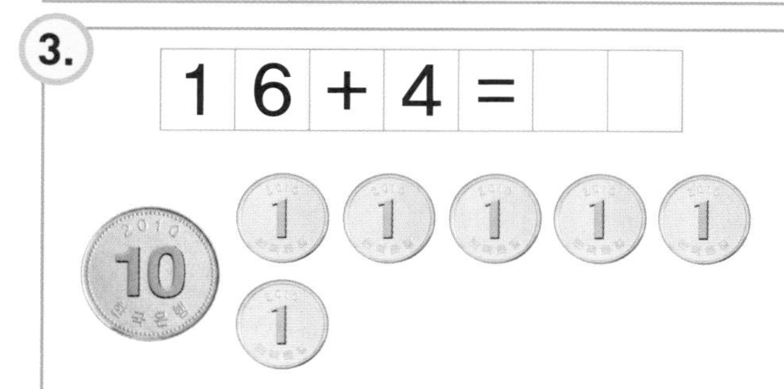

**4.** 2 0 − 1 5 = 

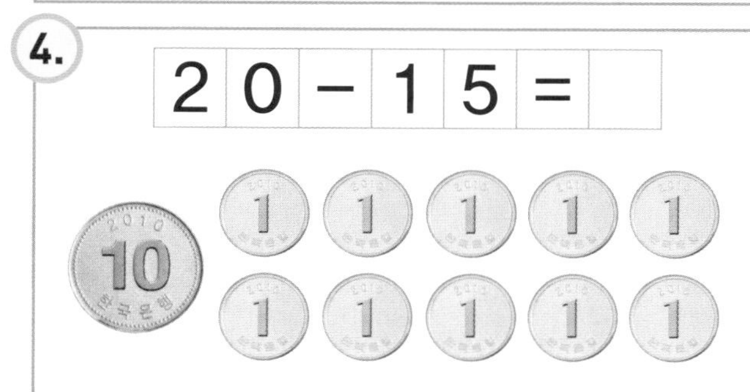

**5.** 1 8 + 2 = 

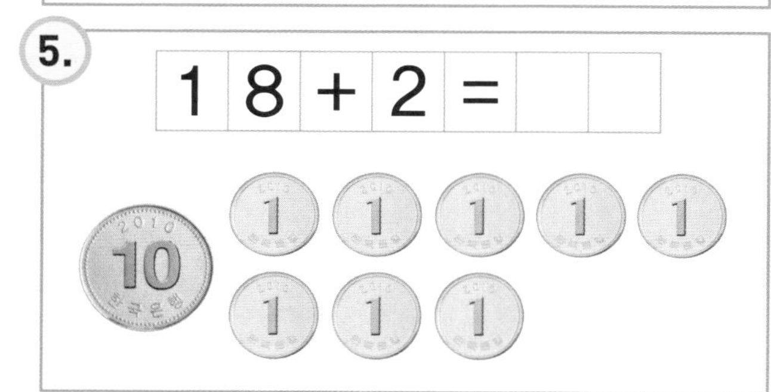

**6.** 2 0 − 8 = 

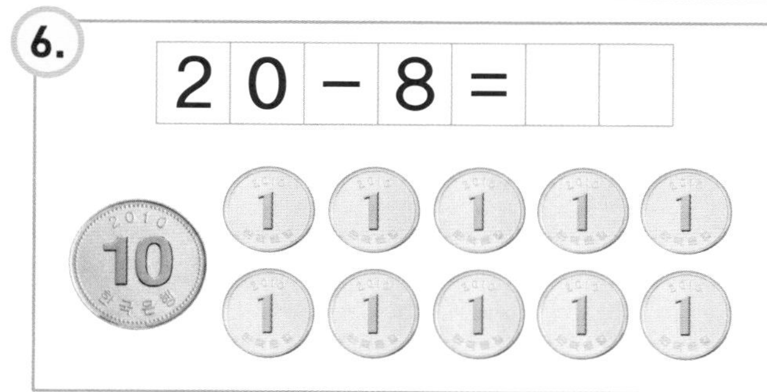

**7.** 1 5 + 5 = 

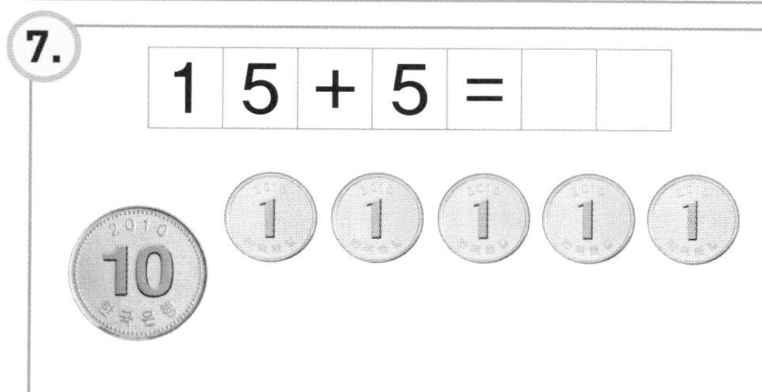

**8.** 2 0 − 1 8 = 

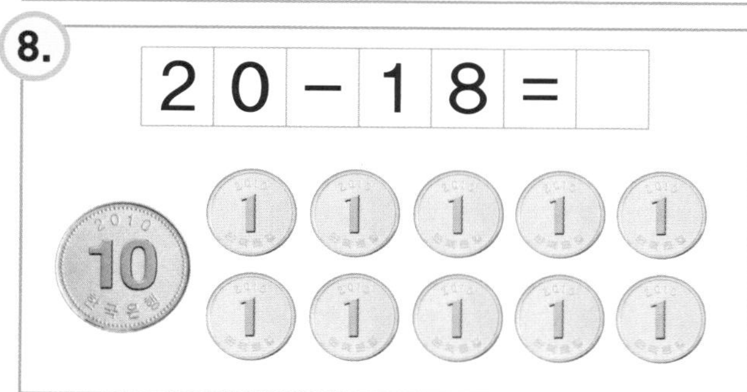

**9.** 1 7 + 3 = 

**10.** 2 0 − 2 0 = 

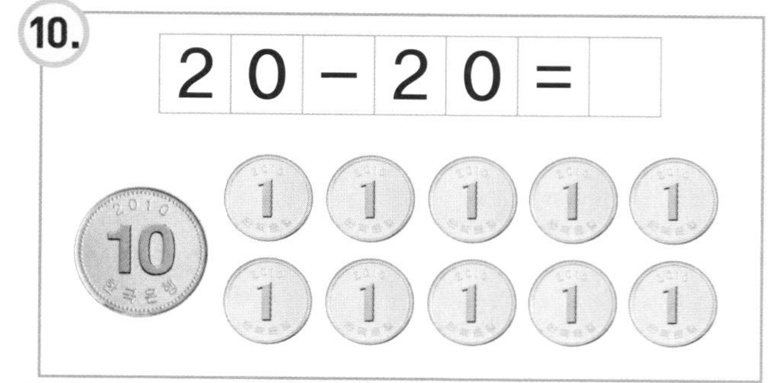

20까지 계산해야 된다면 돈으로 하면 더 쉽지. 20원이 되려면 1원짜리 동전이 몇 개가 더 있으면 될지, 그리고 20원에서 수만큼 동전을 지워보면 쉽게 알 수 있어요.

얼마큼 가지고 있는지, 아래 개수를 보고, □ 안에 그 수를 쓰세요.

| 처음에 이만큼 있었어요 | 이만큼 더 받았어요 | 이만큼 다시 돌려줬어요 | 지금은 이만큼 남아있어요 |
|---|---|---|---|
| 10 | 8 | 3 | □ |
| 15 | 5 | 4 | □ |
| 18 | 2 | 10 | □ |
| 7 | 10 | 2 | □ |
| 11 | 7 | 10 | □ |
| 14 | 6 | 1 | □ |

처음 가지고 있던 개수에서 '받았어요'는 '+'로, '줬어요'는 '–'으로 차례대로 계산해 보게 하세요. 식으로도 써 보게 하면 더 좋습니다.

## 20에서 더하고 빼기

다음 덧셈과 뺄셈을 해 보세요.

공부한 날 월 일

다음 덧셈과 뺄셈을 해 보세요.

**1.**

| 1 | 4 | + | 1 | = | | |
|---|---|---|---|---|---|---|
| 1 | 5 | + | 2 | = | | |
| 1 | 1 | + | 1 | = | | |
| 1 | 7 | + | 2 | = | | |

**2.**

| 1 | 5 | − | 1 | = | | |
|---|---|---|---|---|---|---|
| 1 | 2 | − | 2 | = | | |
| 1 | 3 | − | 1 | = | | |
| 2 | 0 | − | 2 | = | | |

**3.**

| 1 | 8 | − | 1 | 7 | = | |
|---|---|---|---|---|---|---|
| 1 | 5 | − | 1 | 3 | = | |
| 2 | 0 | − | 1 | 9 | = | |
| 1 | 2 | − | 1 | 0 | = | |

**4.**

| 1 | 1 | + | 3 | = | | |
|---|---|---|---|---|---|---|
| 1 | 5 | + | 4 | = | | |
| 1 | 7 | + | 3 | = | | |
| 1 | 1 | + | 4 | = | | |

**6.**

| 1 | 3 | − | 3 | = | | |
|---|---|---|---|---|---|---|
| 1 | 5 | − | 4 | = | | |
| 1 | 8 | − | 3 | = | | |
| 1 | 7 | − | 4 | = | | |

**7.**

| 1 | 8 | − | 1 | 5 | = | |
|---|---|---|---|---|---|---|
| 2 | 0 | − | 1 | 6 | = | |
| 1 | 8 | − | 1 | 6 | = | |
| 1 | 4 | − | 1 | 3 | = | |

**7.**

| 1 | 2 | + | 6 | = | | |
|---|---|---|---|---|---|---|
| 1 | 4 | + | 5 | = | | |
| 1 | 1 | + | 7 | = | | |
| 1 | 3 | + | 5 | = | | |

**8.**

| 1 | 8 | − | 7 | = | | |
|---|---|---|---|---|---|---|
| 1 | 6 | − | 6 | = | | |
| 1 | 9 | − | 7 | = | | |
| 1 | 7 | − | 6 | = | | |

**9.**

| 1 | 9 | − | 1 | 3 | = | |
|---|---|---|---|---|---|---|
| 1 | 7 | − | 1 | 2 | = | |
| 1 | 5 | − | 1 | 0 | = | |
| 1 | 8 | − | 1 | 2 | = | |

**10.**

| 1 | 8 | + | 2 | = | | |
|---|---|---|---|---|---|---|
| 1 | 2 | + | 7 | = | | |
| 1 | 6 | + | 4 | = | | |
| 1 | 1 | + | 9 | = | | |

**11.**

| 2 | 0 | − | 3 | = | | |
|---|---|---|---|---|---|---|
| 2 | 0 | − | 8 | = | | |
| 2 | 0 | − | 5 | = | | |
| 2 | 0 | − | 9 | = | | |

**12.**

| 2 | 0 | − | 1 | 7 | = | |
|---|---|---|---|---|---|---|
| 2 | 0 | − | 1 | 5 | = | |
| 2 | 0 | − | 1 | 2 | = | |
| 2 | 0 | − | 1 | 4 | = | |

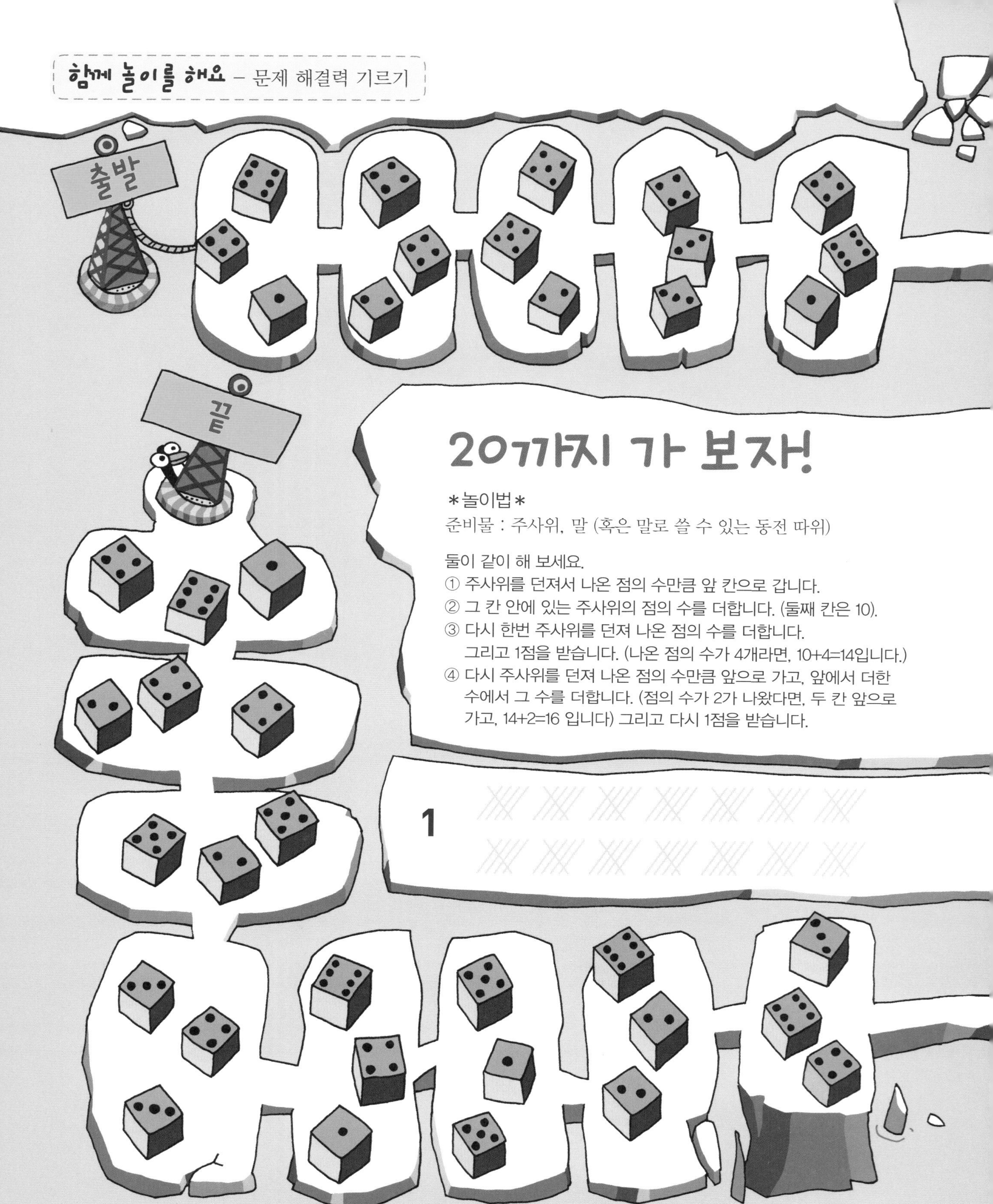
출발
끝
20까지 가 보자!
*놀이법*
준비물 : 주사위, 말 (혹은 말로 쓸 수 있는 동전 따위)
둘이 같이 해 보세요.
① 주사위를 던져서 나온 점의 수만큼 앞 칸으로 갑니다.
② 그 칸 안에 있는 주사위의 점의 수를 더합니다. (둘째 칸은 10).
③ 다시 한번 주사위를 던져 나온 점의 수를 더합니다.
그리고 1점을 받습니다. (나온 점의 수가 4개라면, 10+4=14입니다.)
④ 다시 주사위를 던져 나온 점의 수만큼 앞으로 가고, 앞에서 더한 수에서 그 수를 더합니다. (점의 수가 2가 나왔다면, 두 칸 앞으로 가고, 14+2=16 입니다) 그리고 다시 1점을 받습니다.
1

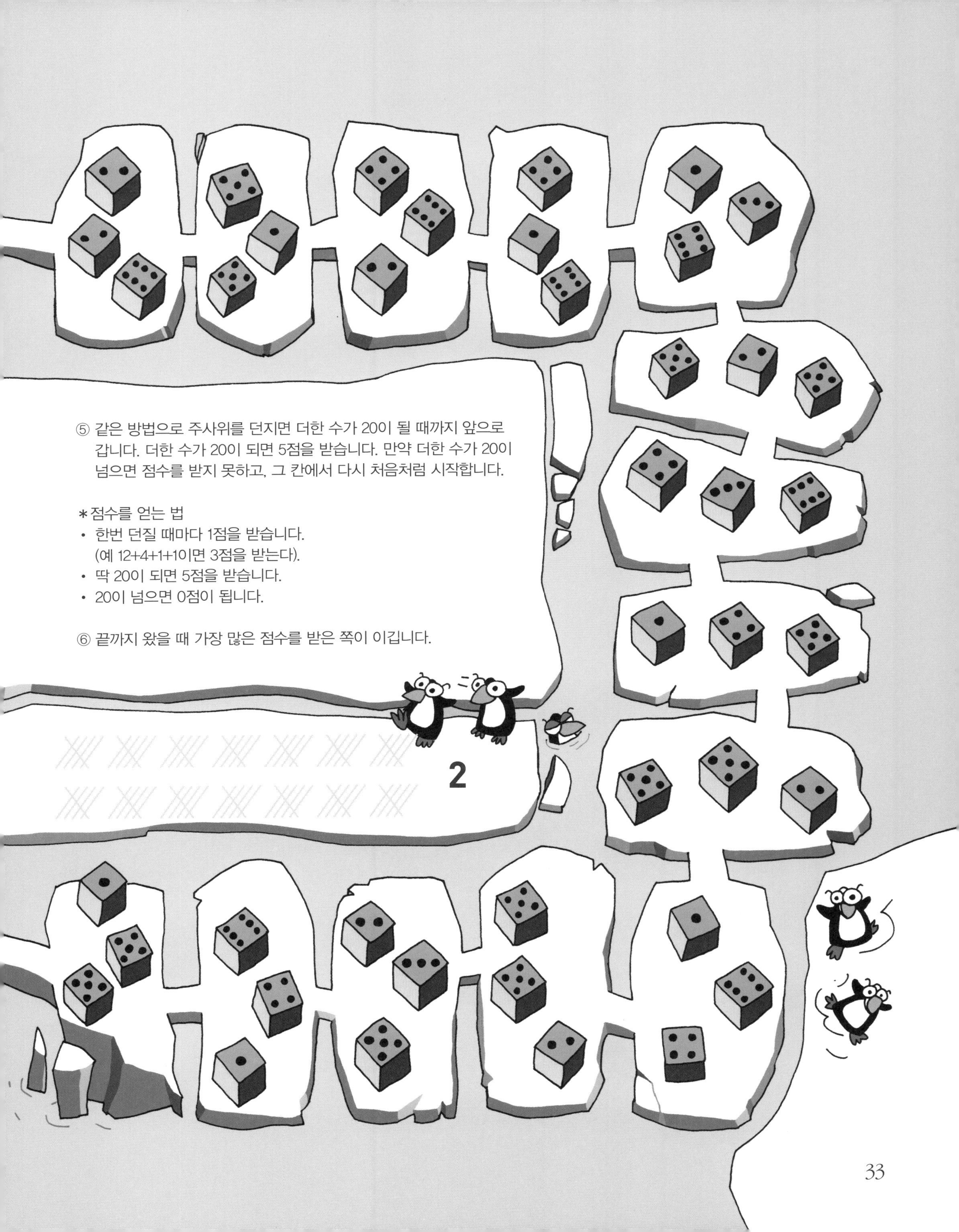


⑤ 같은 방법으로 주사위를 던지면 더한 수가 20이 될 때까지 앞으로 갑니다. 더한 수가 20이 되면 5점을 받습니다. 만약 더한 수가 20이 넘으면 점수를 받지 못하고, 그 칸에서 다시 처음처럼 시작합니다.

*점수를 얻는 법

- 한번 던질 때마다 1점을 받습니다.
  (예 12+4+1+1이면 3점을 받는다).
- 딱 20이 되면 5점을 받습니다.
- 20이 넘으면 0점이 됩니다.

⑥ 끝까지 왔을 때 가장 많은 점수를 받은 쪽이 이깁니다.

# 이를 아프게 하는 나쁜 충치균들

칸에 있는 모양과 색을 보고, 모양을 그리고 주어진 색으로 칠해 보세요.

| | 동그라미 | 세모 | 네모 |
|---|---|---|---|
| | | | |
| | | | |
| | | | |

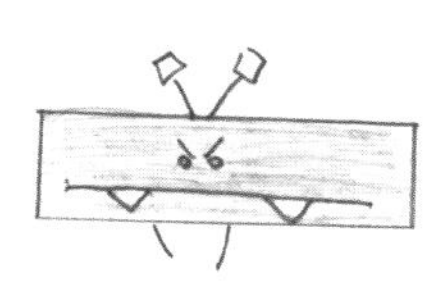

*부모님께*
세모와 네모는 자를 이용해서 그리고 동그라미는 컵이나 동전을 이용해서 그려 보게 하세요. 표 아래 그려진 충치균들은 어느 칸에 들어가는지 맞춰보게 해 주세요.

공부한 날 월 일

◐ 왼쪽 그림에서 블록의 개수를 세어서 □ 안에 쓰고, 위에서 본 모양을 찾아서 선으로 이으세요.

뇌체조 1

## 조건에 맞는 친구를 찾아 주세요.

다음 조건에 맞는 친구를 찾아 ○표 하세요.

## 이번에는 더 어려워요.

가로와 세로가 만난 곳에 있는 친구의 이름을 써 보세요.

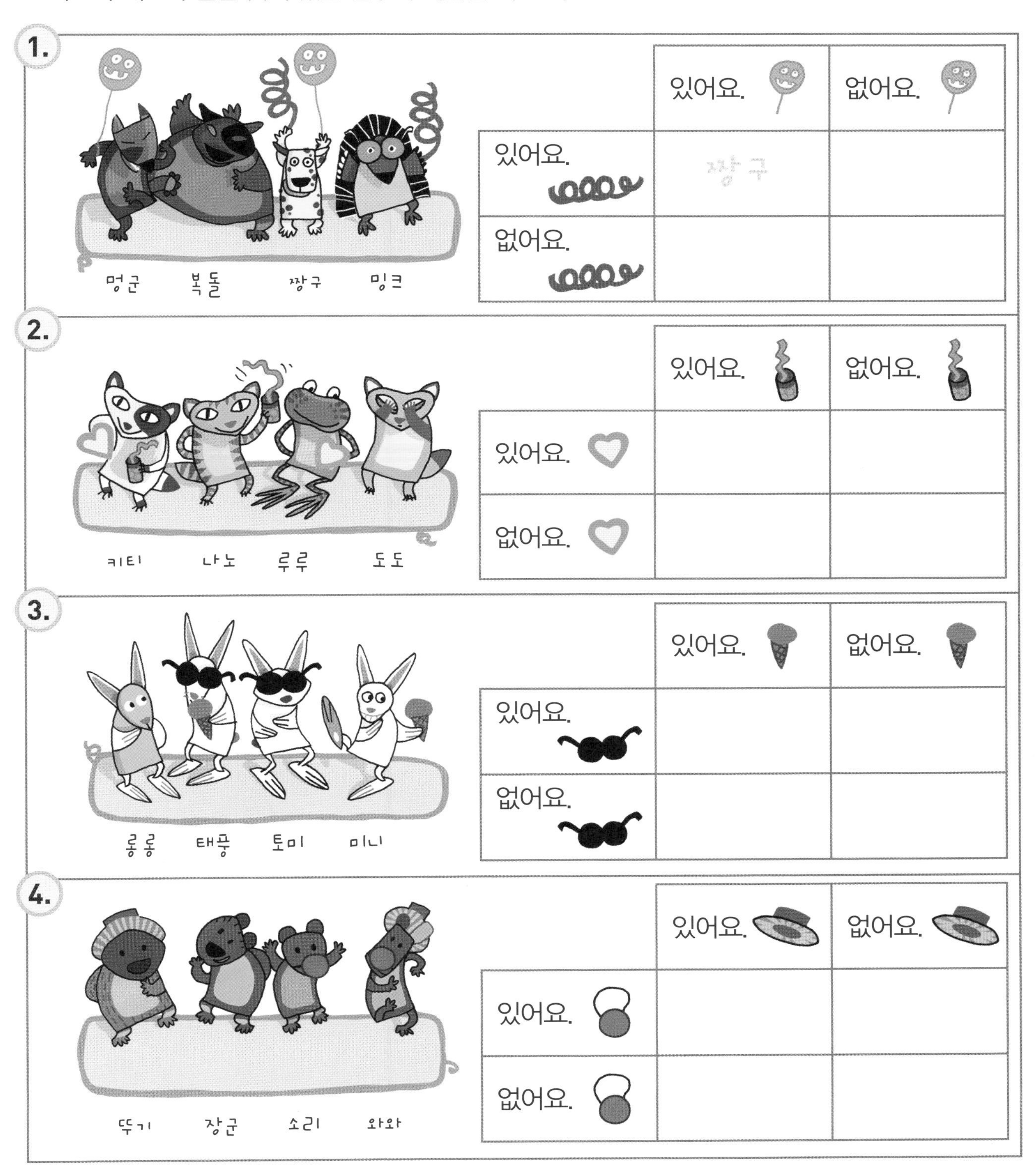


**1.**

| | 있어요. | 없어요. |
|---|---|---|
| 있어요. | 짱구 | |
| 없어요. | | |

**2.**

| | 있어요. | 없어요. |
|---|---|---|
| 있어요. | | |
| 없어요. | | |

**3.**

| | 있어요. | 없어요. |
|---|---|---|
| 있어요. | | |
| 없어요. | | |

**4.**

| | 있어요. | 없어요. |
|---|---|---|
| 있어요. | | |
| 없어요. | | |

9와 어떤 수를 더해 보세요.

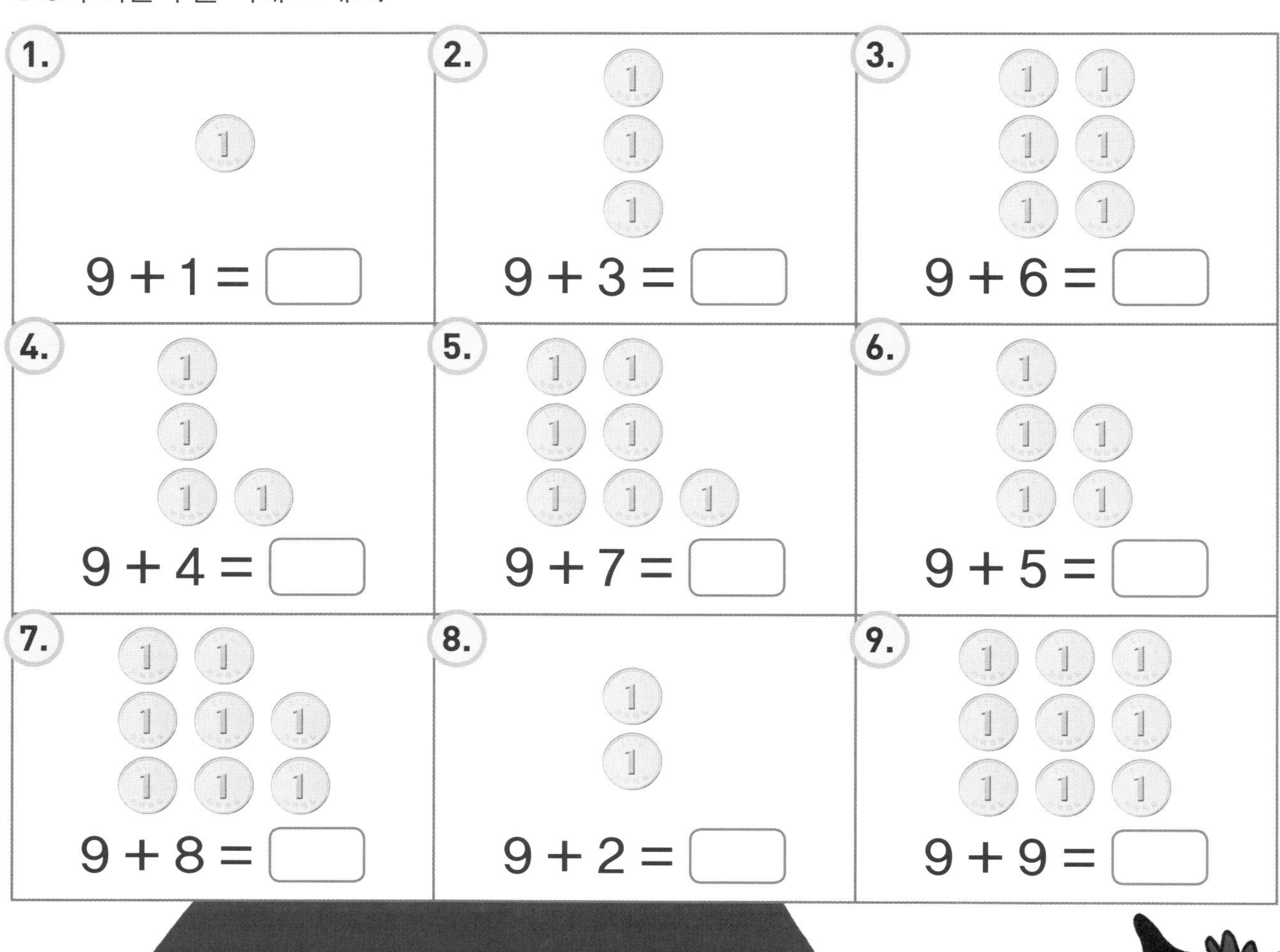

1. $9 + 1 =$ ☐
2. $9 + 3 =$ ☐
3. $9 + 6 =$ ☐
4. $9 + 4 =$ ☐
5. $9 + 7 =$ ☐
6. $9 + 5 =$ ☐
7. $9 + 8 =$ ☐
8. $9 + 2 =$ ☐
9. $9 + 9 =$ ☐

이제 십을 넘을 때가 됐네. 키티는 과연 잘 할 수 있을까?

키티는 좋은 방법을 알아냈어요. 10에 6을 더해서 1을 빼면 답이 나오는 걸요.

똑똑! 누가 문을 두드려요. 다음 덧셈의 답을 오른쪽 표에서 지우면 누구인지 알 수 있어요.

**1.**

9 + 1 + 3 = 13

9 + 1 + 7 = 17

9 + 1 + 2 = ☐

9 + 1 + 6 = ☐

**2.**

10 − 9 = ☐

10 − 6 = ☐

10 − 3 = ☐

10 − 5 = ☐

**3.**

9 + 1 = ☐

9 + 5 = ☐

9 + 2 = ☐

9 + 9 = ☐

**4.**

15 + 4 = ☐

18 + 2 = ☐

20 − 18 = ☐

20 − 14 = ☐

☐ 가 문을 똑똑 두드려요.

＊부모님께＊

문제를 풀고 답이 있는 칸에 ×표를 합니다. 다 풀고 남은 글자를 보면 누구인지 알 수 있어요.

똑똑

| 1 라 | 2 너 | 3 키 | 4 마 |
|---|---|---|---|
| 5 하 | 6 바 | 7 파 | 8 티 |
| 9 예 | 10 사 | 11 가 | 12 초 |
| 13 자 | 14 아 | 15 요 | 16 나 |
| 17 타 | 18 차 | 19 카 | 20 다 |

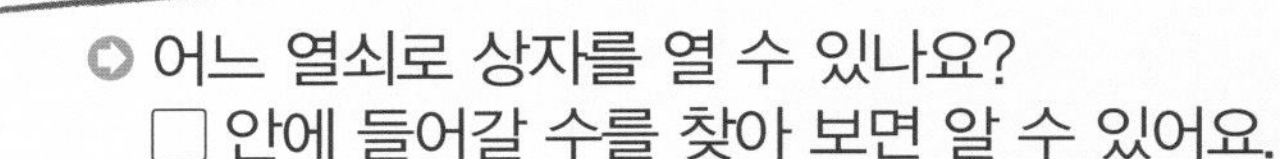


＊부모님께＊

☐ 안의 수를 열쇠에 적혀 있는 숫자에서 찾아 하나씩 지워보세요. 어떤 열쇠로 상자를 열 수 있을까요? 맨 마지막에 있는 열쇠예요.

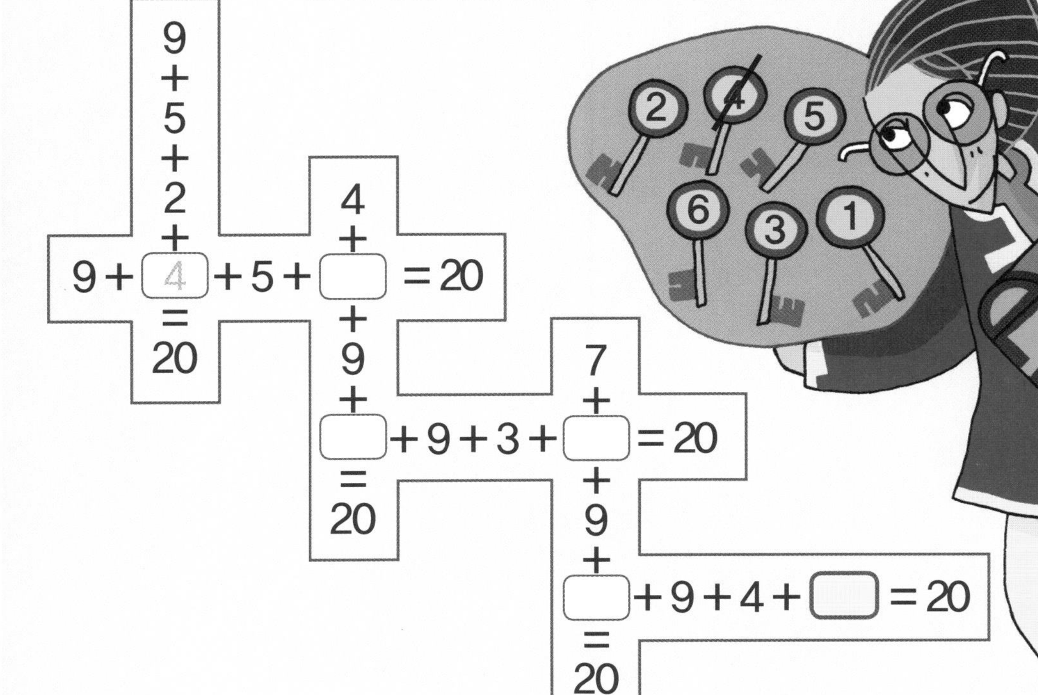

8과 어떤 수를 더해 보세요.

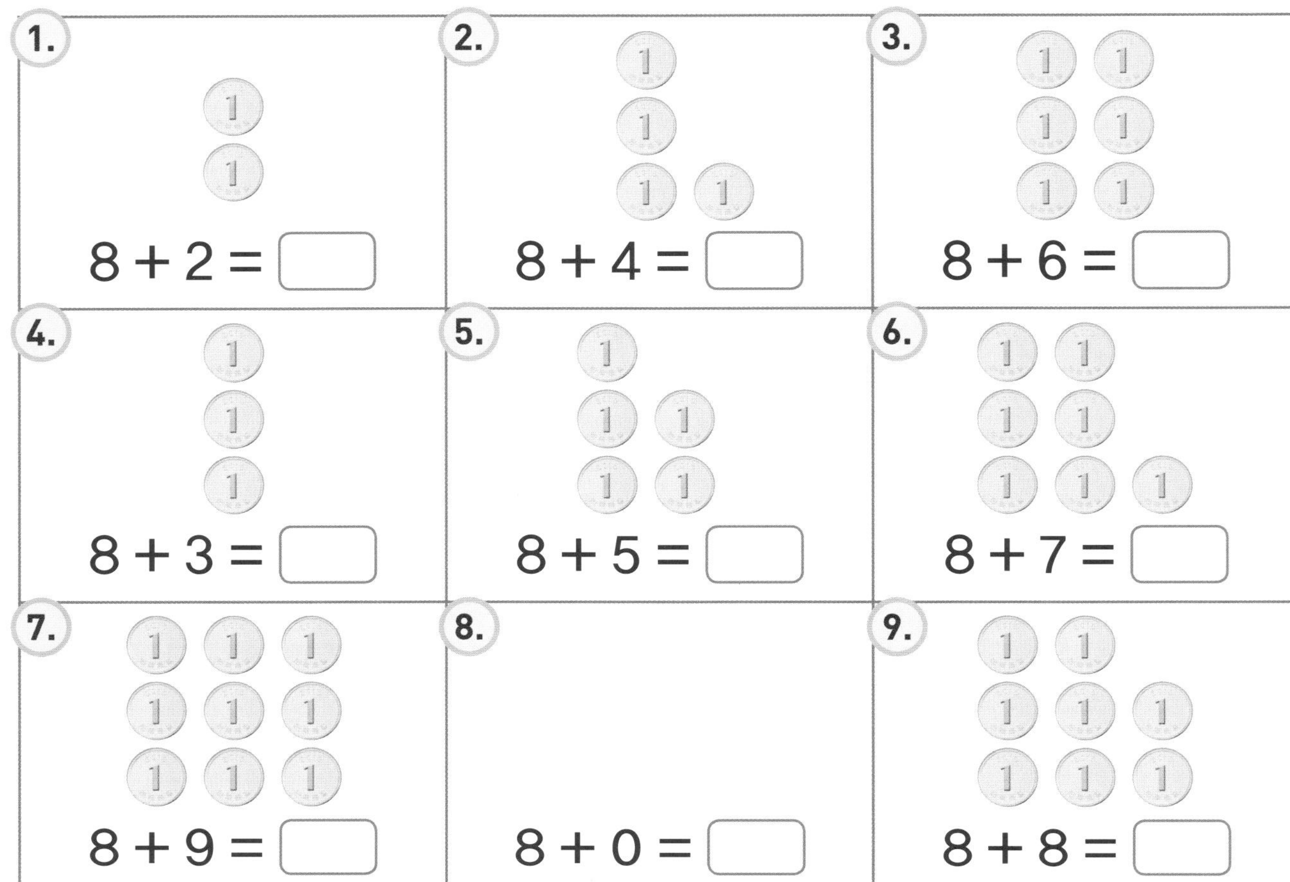

| | | |
|---|---|---|
| 1. $8 + 2 =$ ☐ | 2. $8 + 4 =$ ☐ | 3. $8 + 6 =$ ☐ |
| 4. $8 + 3 =$ ☐ | 5. $8 + 5 =$ ☐ | 6. $8 + 7 =$ ☐ |
| 7. $8 + 9 =$ ☐ | 8. $8 + 0 =$ ☐ | 9. $8 + 8 =$ ☐ |

십을 넘을 때가 됐네. 숙자는 잘 해낼 수 있을까?

"방법을 가르쳐줄께. 먼저 십(10)을 만들면 나머지는 그냥 덧붙이면 돼."

뚝뚝! 누가 문을 두드려요. 다음 덧셈의 답을 오른쪽 표에서 지우면 누구인지 알 수 있어요.

**1.**

8 + 2 + 2 = 12
8 + 2 + 6 = ☐
8 + 2 + 4 = ☐
8 + 2 + 9 = ☐

**2.**

9 + 5 − 4 = ☐
9 + 7 + 2 = ☐
9 + 8 − 11 = ☐
9 + 9 − 14 = ☐

**3.**

8 + 3 = ☐
8 + 5 = ☐
8 + 7 = ☐
8 + 9 = ☐

**4.**

20 − 19 = ☐
20 − 17 = ☐
20 − 13 = ☐
20 − 12 = ☐

☐ 이 문을 뚝뚝 두드려요.

*부모님께*
문제를 풀고 답이 있는 칸에 ×표를 합니다. 다 풀고 남은 글자를 보면 누구인지 알 수 있습니다.

뚝뚝

뚝뚝

| 1 각 | 2 복 | 3 악 | 4 닥 |
|---|---|---|---|
| 5 돌 | 6 작 | 7 락 | 8 신 |
| 9 예 | 10 한 | 11 속 | 12 락 |
| 13 박 | 14 낙 | 15 닥 | 16 낙 |
| 17 각 | 18 탁 | 19 막 | 20 요 |

어느 열쇠로 상자를 열 수 있나요?
☐ 안에 들어갈 수를 찾아 보면 알 수 있어요.

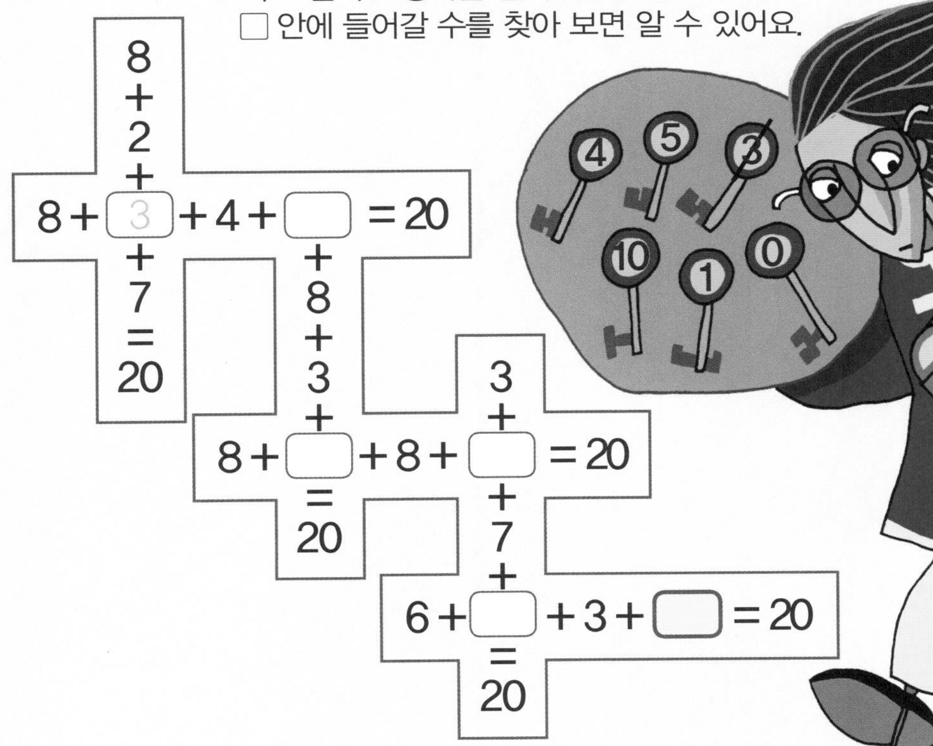


*부모님께*
☐ 안의 수를 열쇠에 적혀 있는 숫자에서 찾아 하나씩 지워보세요. 어떤 열쇠로 상자를 열 수 있을까요? 맨 마지막에 있는 열쇠예요.

7과 어떤 수를 더해 보세요.

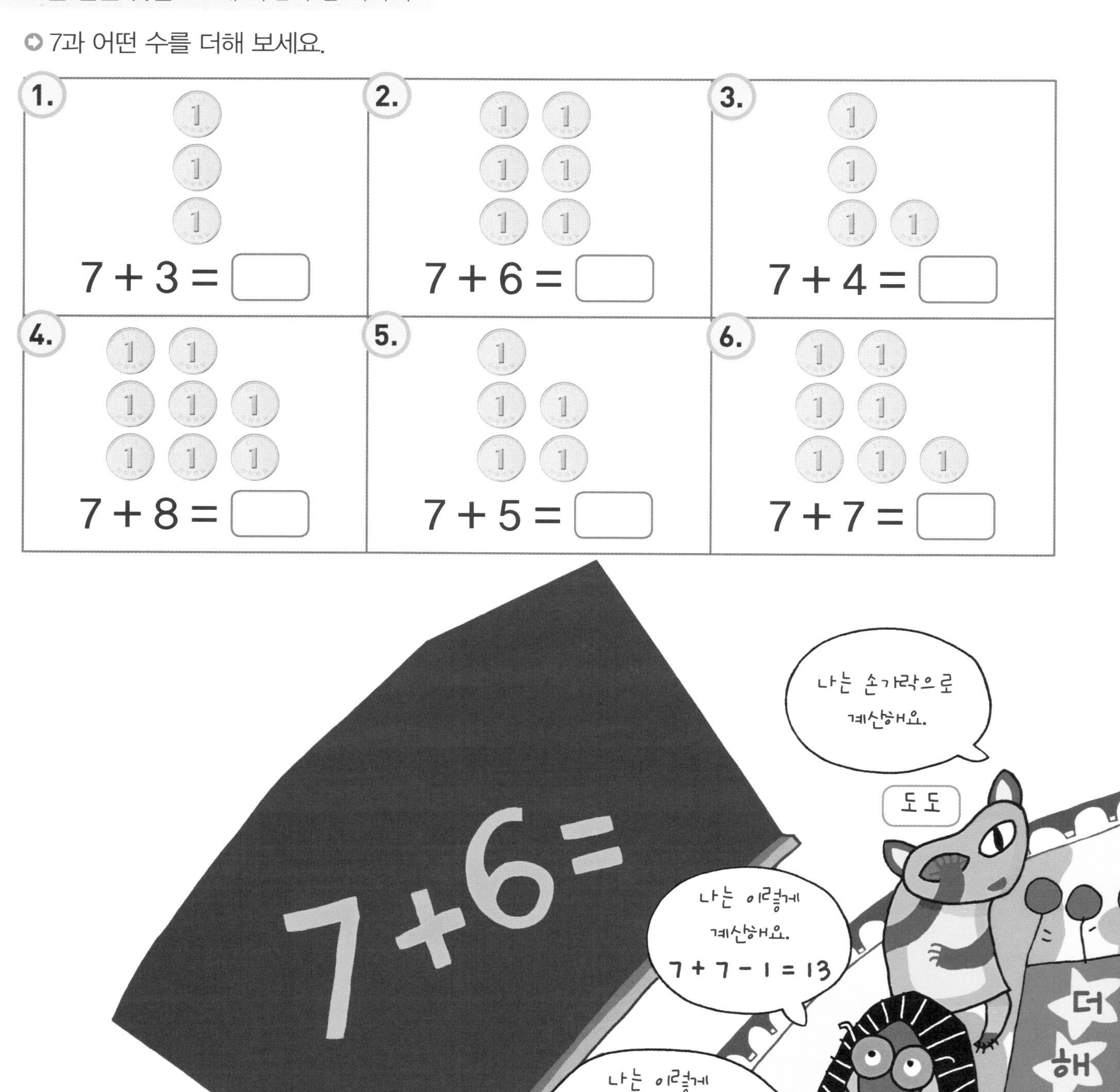


나는 더해서 10이 되는 수끼리 먼저 계산해요. 7 + 3 + 3 = 13

시리

십을 넘어야 되는구나. 도치는 과연 잘 할 수 있을까?

"칠에 육을 더하려면 이렇게 해봐. 칠 더하기 칠은 십사인데, 거기서 하나만 빼면 답이 나와."

뚝뚝! 누가 문을 두드려요. 다음 덧셈의 답을 오른쪽 표에서 지우면 누구인지 알 수 있어요.

**1.**

$7+3+0=$ ☐

$7+3+8=$ ☐

$7+3+1=$ ☐

$7+3+7=$ ☐

**2.**

$20-13=$ ☐

$20-16=$ ☐

$20-18=$ ☐

$20-14=$ ☐

**3.**

$7+5=$ ☐

$7+7=$ ☐

$7+9=$ ☐

$7+6=$ ☐

**4.**

$8+8-8=$ ☐

$8+7+4=$ ☐

$8+3-10=$ ☐

$8+5-10=$ ☐

☐ 이 문을 똑똑 두드려요.

*부모님께*
문제를 풀고 답이 있는 칸에 ×표를 합니다. 다 풀고 남은 글자를 보면 누구인지 알 수 있습니다.

뚝뚝

| 1 건 | 2 탄 | 3 간 | 4 만 |
|---|---|---|---|
| 5 멍 | 6 반 | 7 난 | 8 판 |
| 9 군 | 10 한 | 11 산 | 12 안 |
| 13 단 | 14 간 | 15 예 | 16 칸 |
| 17 건 | 18 란 | 19 잔 | 20 요 |

뚝뚝

어느 열쇠로 상자를 열 수 있나요?
☐ 안에 들어갈 수를 찾아 보면 알 수 있어요.

*부모님께*
☐ 안의 수를 열쇠에 적혀 있는 숫자에서 찾아 하나씩 지워보세요. 어떤 열쇠로 상자를 열 수 있을까요? 맨 마지막에 있는 열쇠예요.

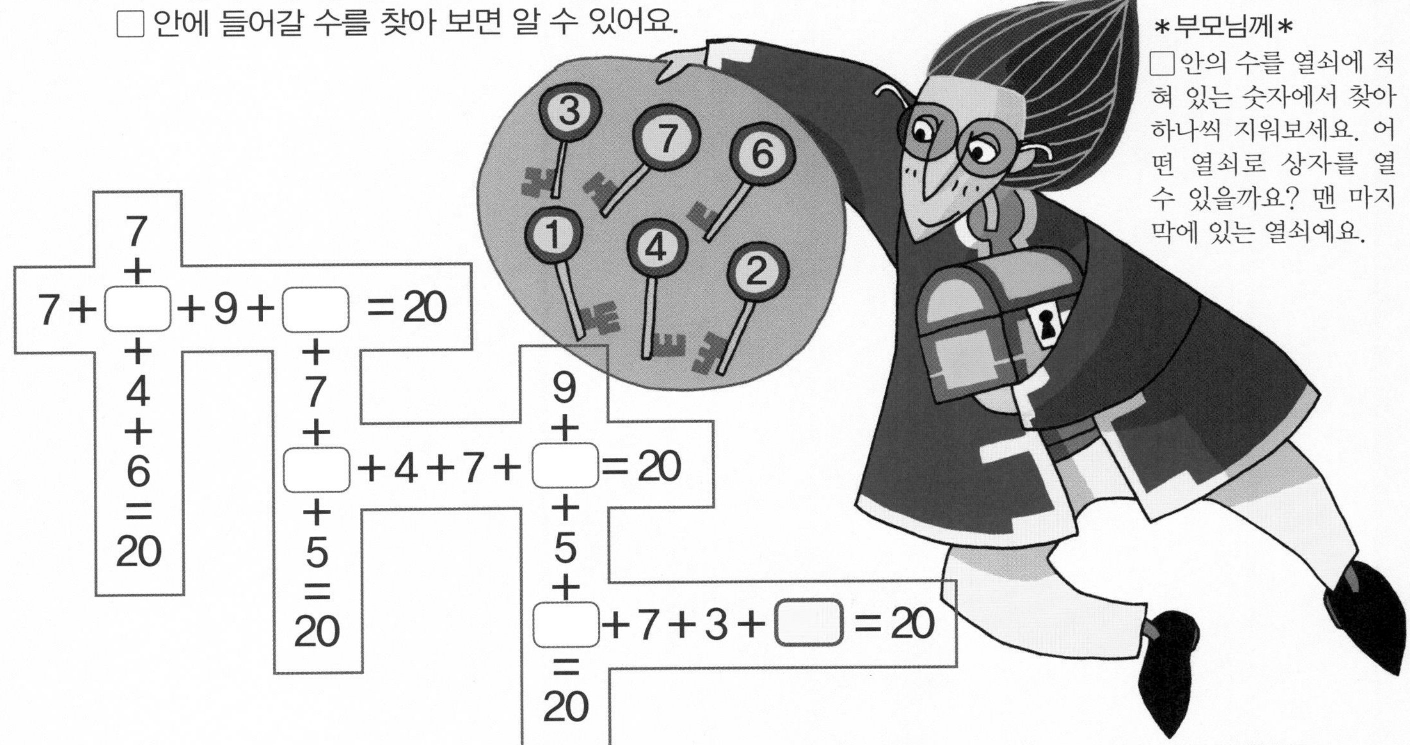

6과 어떤 수를 더해 보세요.

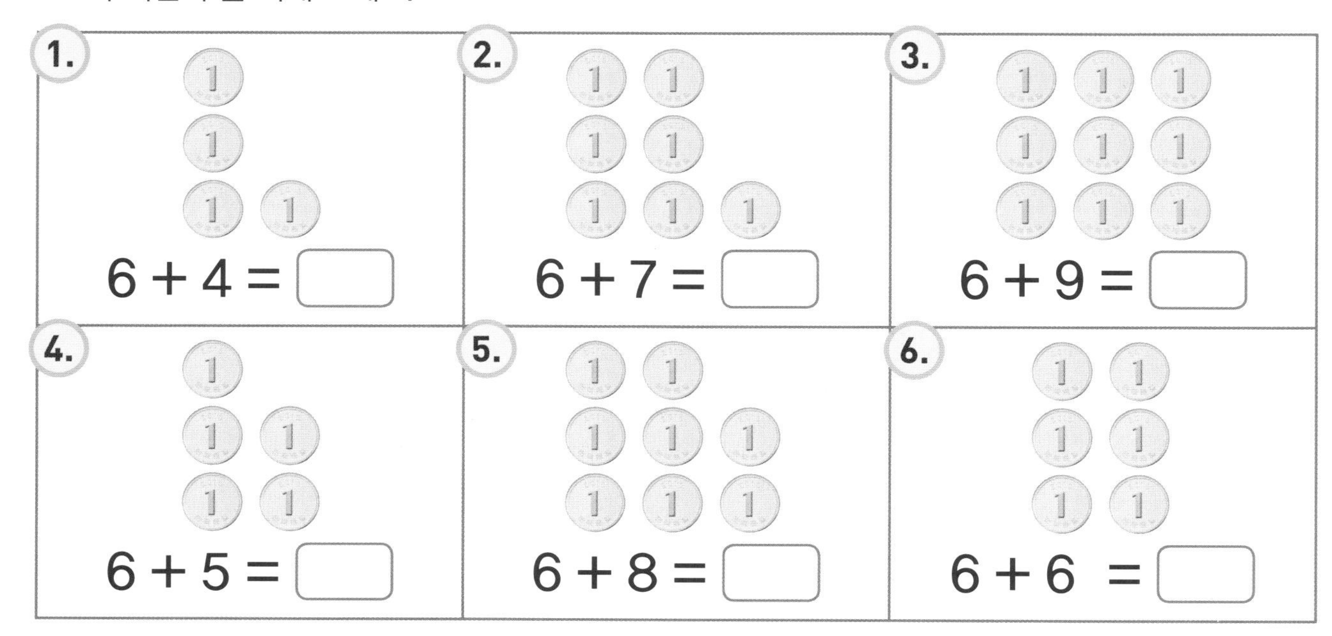

뚝뚝! 누가 문을 두드려요. 다음 덧셈의 답을 오른쪽 표에서 지우면 누구인지 알 수 있어요.

**1.**

6 + 2 + 2 = ☐
6 + 4 + 5 = ☐
6 + 4 + 8 = ☐
6 + 4 + 6 = ☐

**2.**

18 − 15 = ☐
18 − 17 = ☐
18 − 12 = ☐
18 − 14 = ☐

**3.**

6 + 7 = ☐
6 + 5 = ☐
6 + 8 = ☐
6 + 6 = ☐

**4.**

8 + 2 − 3 = ☐
7 + 8 + 4 = ☐
9 + 9 − 10 = ☐
7 + 7 + 3 = ☐

☐ 가 문을 똑똑 두드려요.

*부모님께*
문제를 풀고 답이 있는 칸에 ×표를 합니다. 다 풀고 남은 글자를 보면 누구인지 알 수 있습니다.

| | | | |
|---|---|---|---|
| 1 나 | 2 토 | 3 바 | 4 오 |
| 5 미 | 6 노 | 7 도 | 8 소 |
| 9 예 | 10 비 | 11 모 | 12 스 |
| 13 시 | 14 라 | 15 가 | 16 차 |
| 17 다 | 18 파 | 19 로 | 20 요 |

똑똑

➡ 상자는 어느 열쇠로 열 수 있나요?
☐ 안에 맞는 수를 찾아 보면 알 수 있어요.

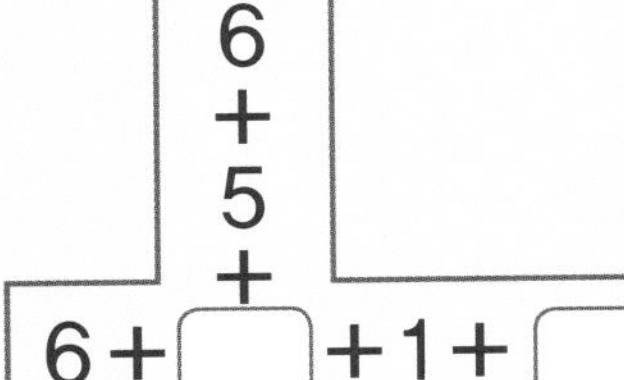

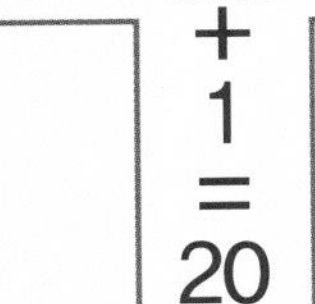

세로: 6 + 5 + ☐ + 1 = 20
가로: 6 + ☐ + 1 + ☐ = 20
세로: ☐ + ☐ + 7 + 2 = 20
가로: ☐ + 9 + ☐ + 3 = 20
세로: ☐ + 4 + 5 + ☐ = 20
가로: ☐ + 2 + 5 + ☐ = 20

4, 6, 8, 5, 2, 9

*부모님께*
☐ 안의 수를 열쇠에 적혀 있는 숫자에서 찾아 하나씩 지워보세요. 어떤 열쇠로 상자를 열 수 있을까요? 맨 마지막에 있는 열쇠예요.

다음 덧셈을 해 보세요.

**1.**

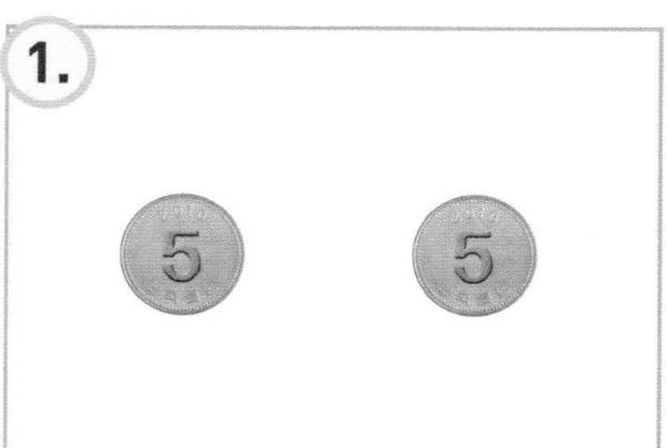

5 + 5 = ☐

**2.**

6 + 5 = ☐

**3.**

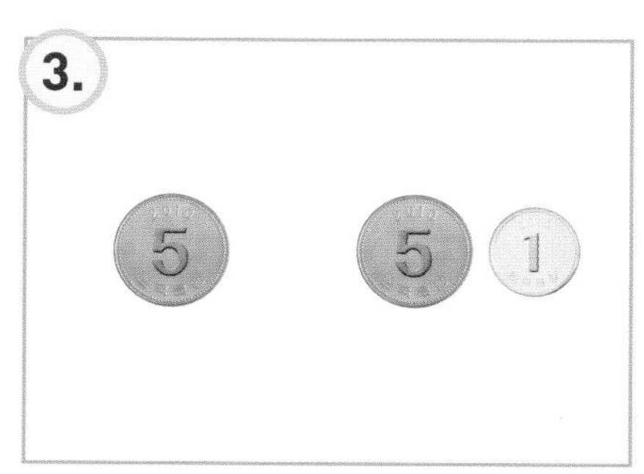

5 + 6 = ☐

**4.**

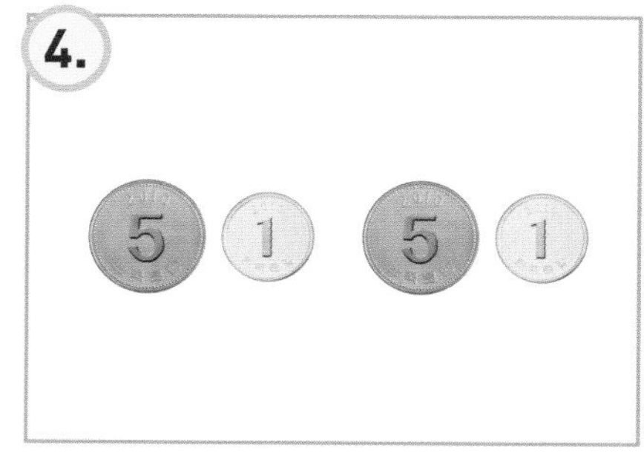

6 + 6 = ☐

**5.**

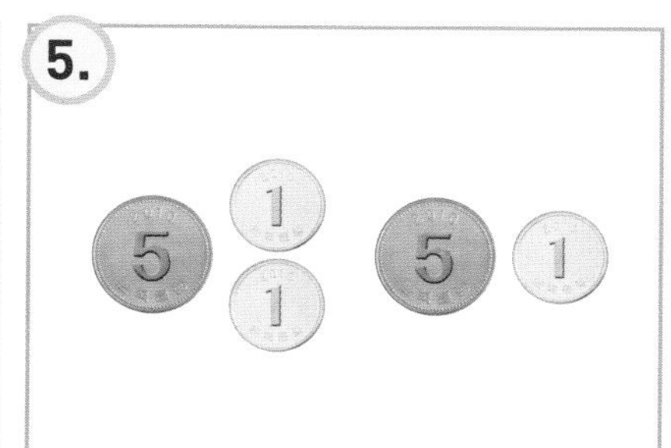

7 + 6 = ☐

**6.**

6 + 7 = ☐

**7.**

7 + 7 = ☐

**8.**

8 + 7 = ☐

**9.**

7 + 8 = ☐

**10.**

8 + 8 = ☐

**11.**

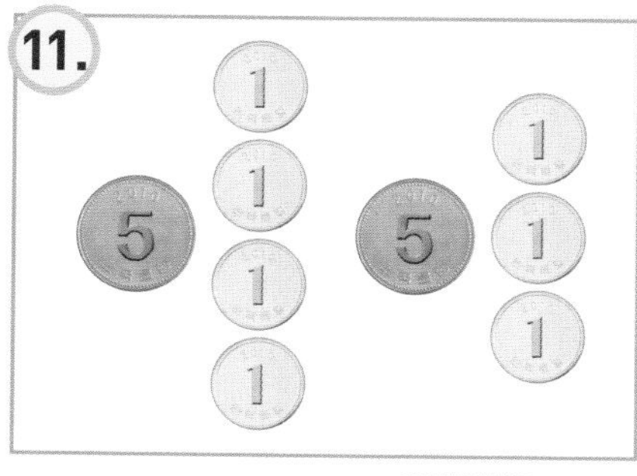

9 + 8 = ☐

**12.**

8 + 9 = ☐



'7에 8을 더하려면 이렇게 하면 되지. 7 더하기 7은 14인데, 거기다 1을 더하면 15가 된다.'

똑똑! 누가 문을 두드려요. 다음 덧셈의 답을 오른쪽 표에서 지우면 누구인지 알 수 있어요.

**1.**

8 + 8 = ☐

6 + 6 = ☐

9 + 9 = ☐

7 + 7 = ☐

**2.**

15 − 14 = ☐

15 − 11 = ☐

15 − 13 = ☐

15 − 10 = ☐

**3.**

6 + 7 = ☐

7 + 8 = ☐

4 + 7 = ☐

8 + 9 = ☐

**4.**

9 + 8 − 11 = ☐

9 − 9 + 9 = ☐

9 + 9 − 10 = ☐

8 + 9 − 10 = ☐

☐이 문을 똑똑 두드려요.

*부모님께*
문제를 풀고 답이 있는 칸에 ×표를 합니다. 다 풀고 남은 글자를 보면 누구인지 알 수 있습니다.

똑똑

| | | | |
|---|---|---|---|
| 1 다 | 2 타 | 3 태 | 4 마 |
| 5 아 | 6 자 | 7 가 | 8 파 |
| 9 하 | 10 풍 | 11 너 | 12 마 |
| 13 거 | 14 나 | 15 차 | 16 다 |
| 17 카 | 18 라 | 19 예 | 20 요 |

어느 열쇠로 상자를 열 수 있나요? ☐ 안에 맞는 수를 찾아 보면 알 수 있어요.

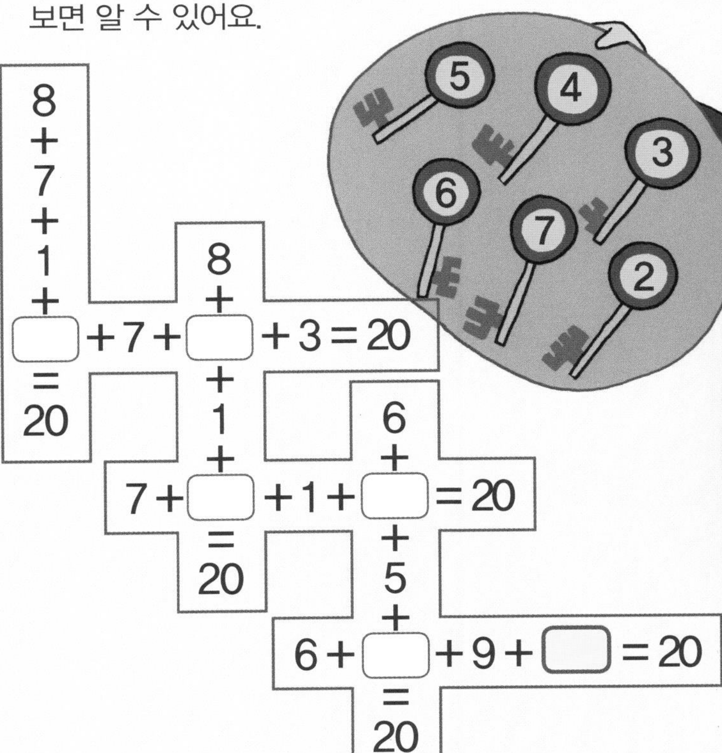


*부모님께*
☐안의 수를 열쇠에 적혀 있는 숫자에서 찾아 하나씩 지워보세요. 어떤 열쇠로 상자를 열 수 있을까요? 맨 마지막에 있는 열쇠예요.

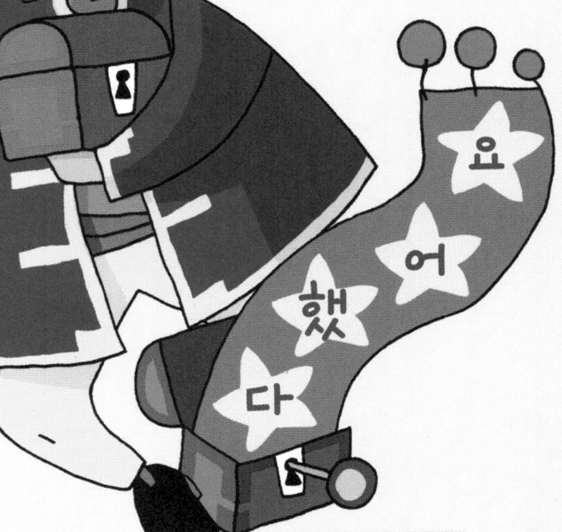

| 아침에 이만큼 있었어요. | 이만큼 다시 받았어요. | 이만큼 빌려갔어요. | 저녁에는 이만큼 있어요 |
|---|---|---|---|
| 8 동화책 | 7 동화책 | 4 동화책 | 그럼 동화책은 ☐ 권 있어요. |
| 9 논픽션 책 | 8 논픽션 책 | 10 논픽션 책 | 그럼 논픽션 책은 ☐ 권 있어요. |
| 6 모험책 | 7 모험책 | 13 모험책 | 그럼 모험책은 ☐ 권 있어요. |
| 8 그림책 | 5 그림책 | 11 그림책 | 그럼 그림책은 ☐ 권 있어요. |
| 12 비디오 | 8 비디오 | 15 비디오 | 그럼 비디오는 ☐ 개 있어요. |
| 15 CD | 3 CD | 12 CD | 그럼 CD는 ☐ 개 있어요. |
| 9 만화책 | 9 만화책 | 17 만화책 | 그럼 만화책은 ☐ 권 있어요. |

 도서관을 자주 이용하면 재미있는 책을 많이 볼 수가 있어.

빌린 책을 빼면 됩니다.

도서관에서 무엇을 얼만큼 빌려 왔나요? □ 안에 수를 쓰세요.

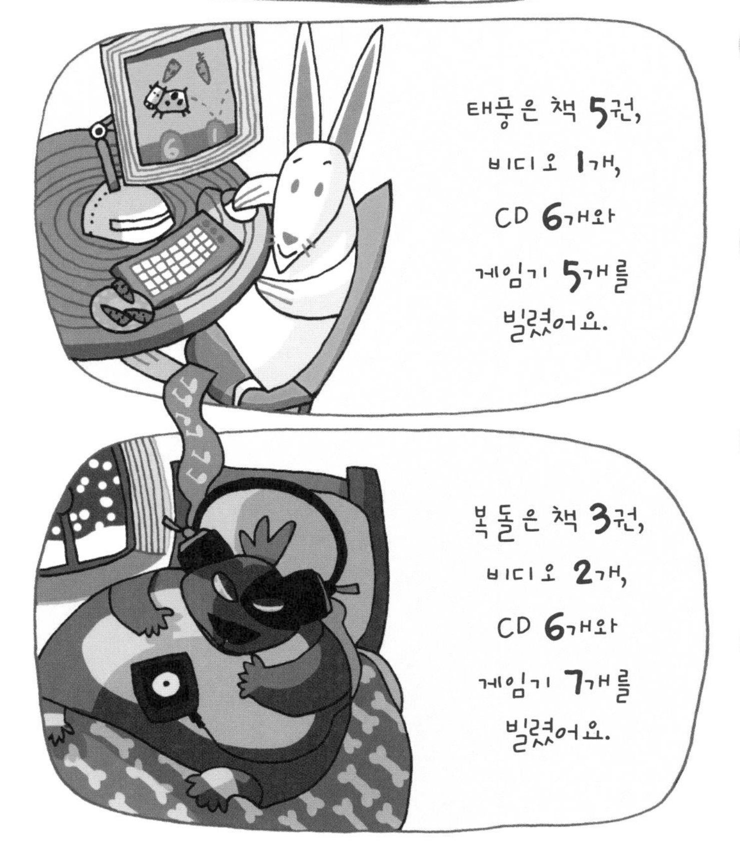


**1.** 뚜기, 루루, 태풍와 복돌은 합해서 책을 □ 권 빌렸어요.

**2.** 뚜기는 루루보다 책을 □ 권 더 빌렸어요.

**3.** 뚜기, 루루, 태풍와 복돌은 합해서 비디오를 □ 개 빌렸어요.

**4.** 뚜기는 루루보다 비디오를 □ 개 덜 빌렸어요.

**5.** 뚜기, 루루, 태풍와 복돌은 합해서 CD를 □ 개 빌렸어요.

**6.** 태풍은 루루보다 CD를 □ 개 더 빌렸어요.

**7.** 뚜기, 루루, 태풍과 복돌을 합해서 게임기를 □ 개 빌렸어요.

**8.** 태풍은 복돌보다 게임기를 □ 개 덜 빌렸어요.

뚜기는 책에 관심이 많고, 복돌은 게임을 더 좋아하네.
루루는 비디오를 가장 좋아하고 태풍은 CD를 많이 빌렸어.

서로 비교해 보기

# 동전이 20원씩 있네요.

각각 얼마인지 쓰고, 서로 크기를 비교해서 □ 안에 >, <, =를 넣으세요.

1.

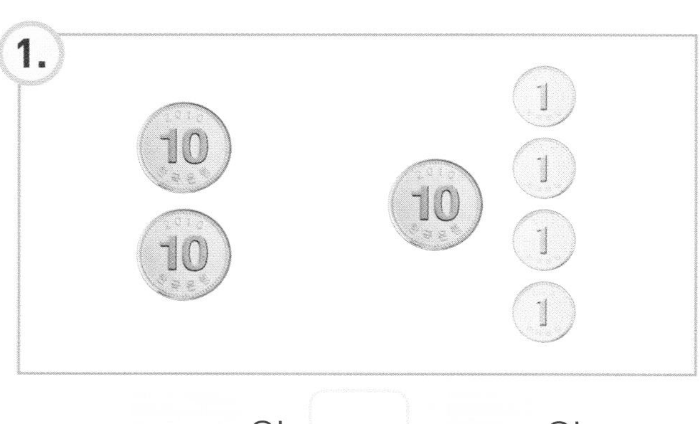

원 □ 원

2.

원 □ 원

3.

원 □ 원

4.

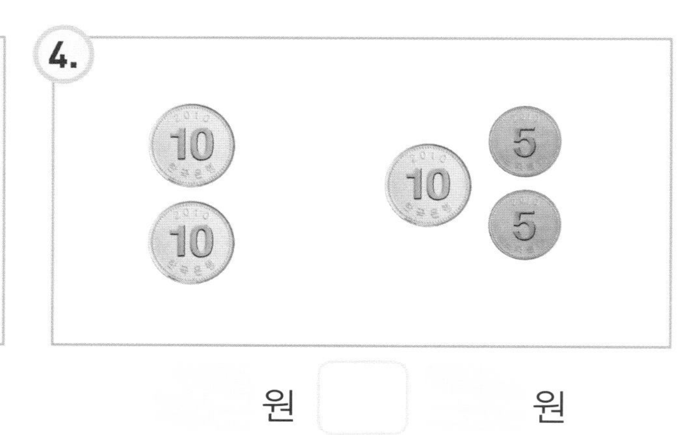

원 □ 원

5.

원 □ 원

6.

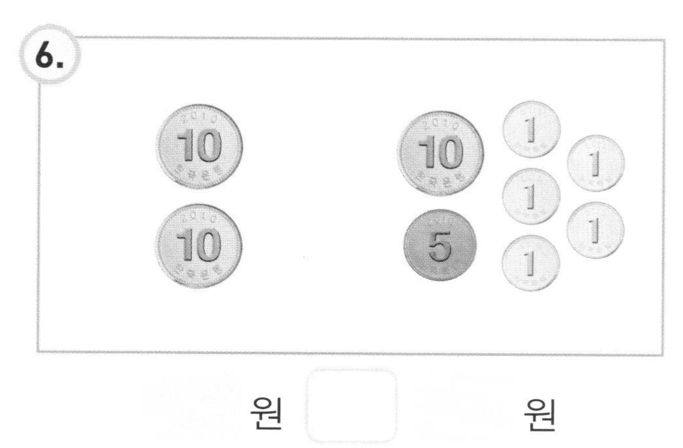

원 □ 원

 돈을 아껴서 잘 써야 돼. 안 그러면 주머니에 구멍밖에 안 남아.

거스름돈을 얼마나 받을 수 있나요? □ 안에 쓰세요.

참, 동전만 보지 말고, 친구들이 몇 명인지도 세어 보세요.

멍군이가 '101마리 달마시안 너무 재미있어서 배꼽을 잡을 수밖에 없어.' 라고 말하네요.

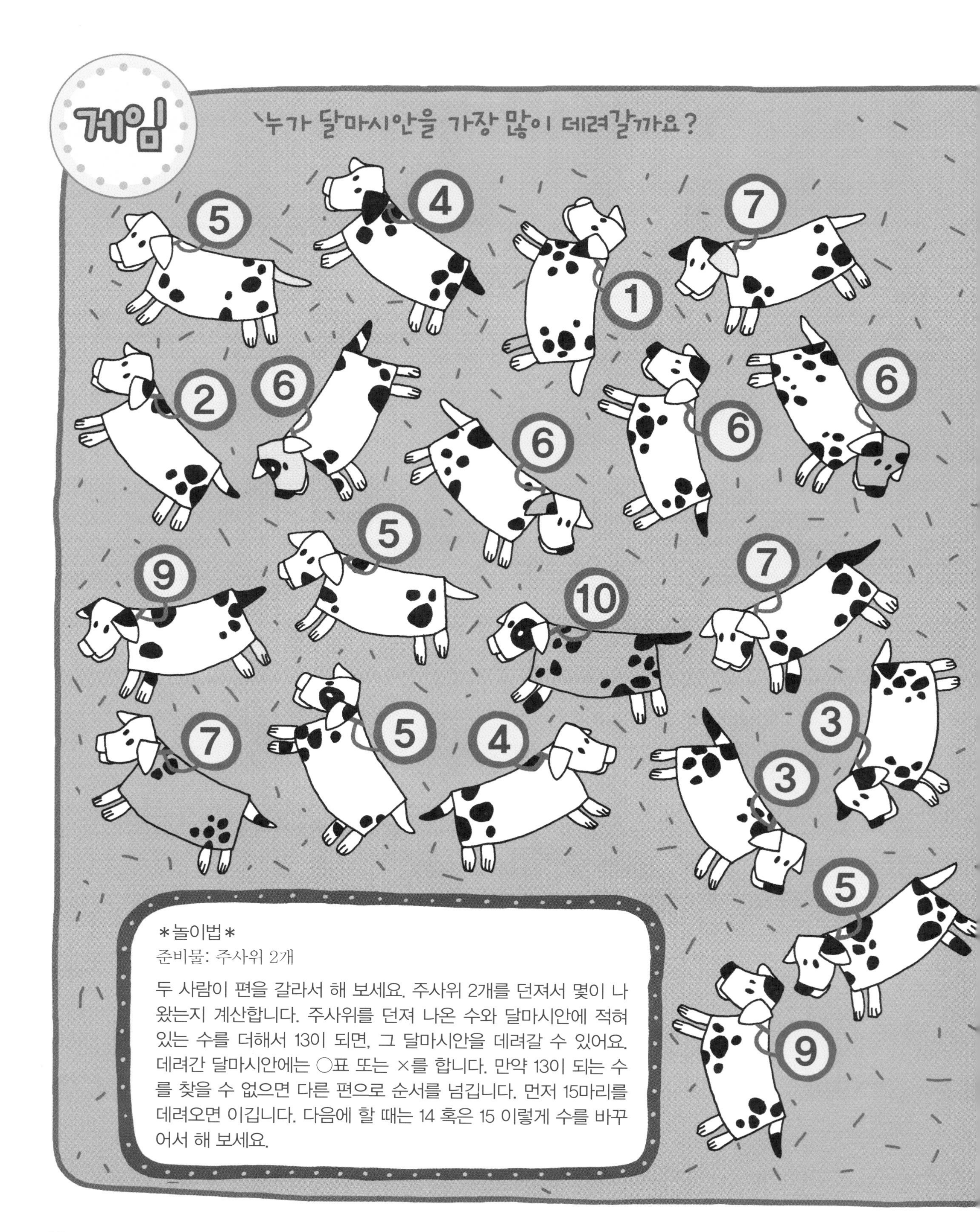
게임
누가 달마시안을 가장 많이 데려갈까요?
5
4
7
1
2
6
6
6
6
5
9
10
7
7
5
4
3
3
5
9
*놀이법*
준비물: 주사위 2개
두 사람이 편을 갈라서 해 보세요. 주사위 2개를 던져서 몇이 나왔는지 계산합니다. 주사위를 던져 나온 수와 달마시안에 적혀 있는 수를 더해서 13이 되면, 그 달마시안을 데려갈 수 있어요. 데려간 달마시안에는 ○표 또는 ×를 합니다. 만약 13이 되는 수를 찾을 수 없으면 다른 편으로 순서를 넘깁니다. 먼저 15마리를 데려오면 이깁니다. 다음에 할 때는 14 혹은 15 이렇게 수를 바꾸어서 해 보세요.

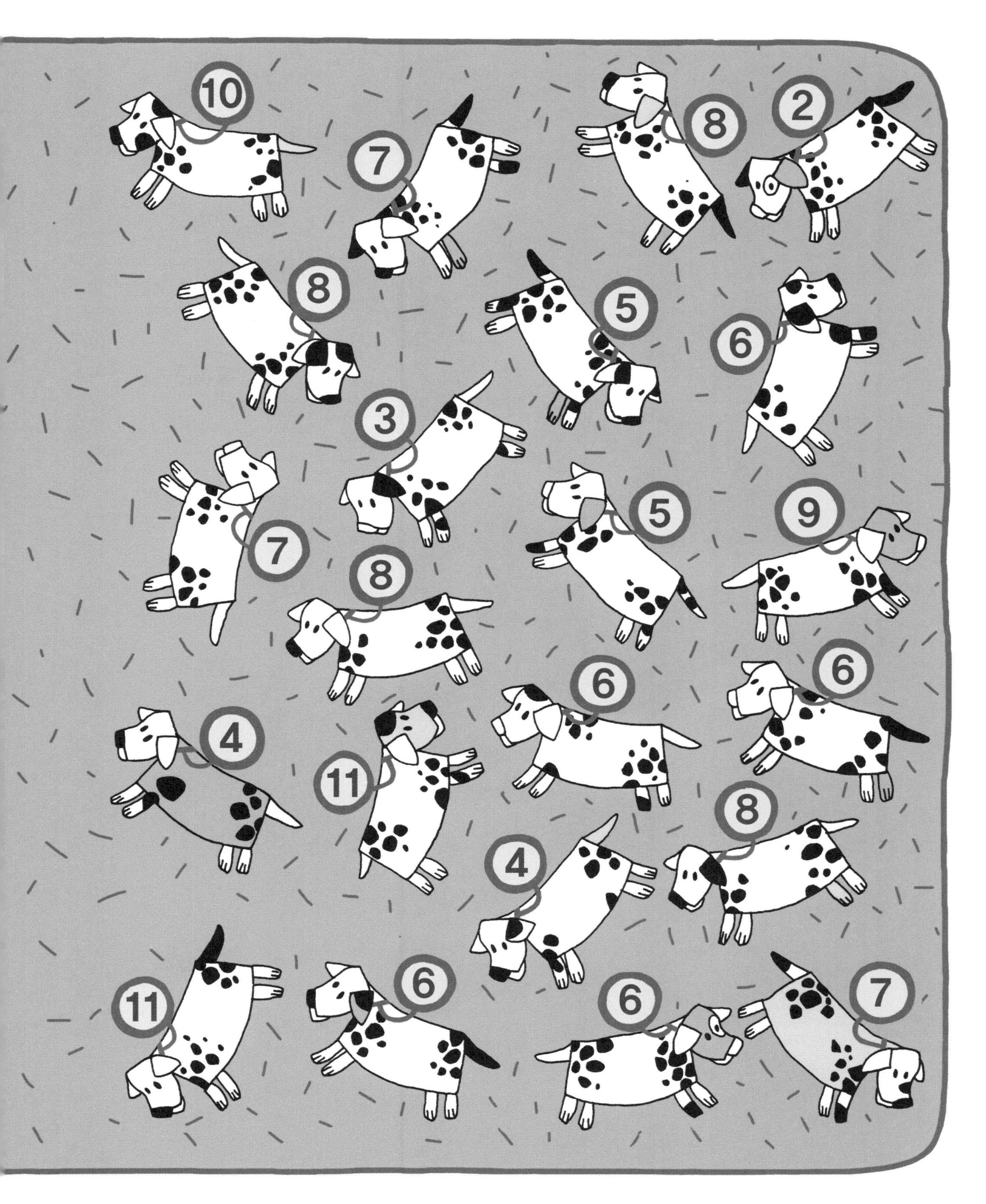
10
2
8
7
8
5
6
3
9
5
7
8
6
6
4
11
8
4
6
7
6
11

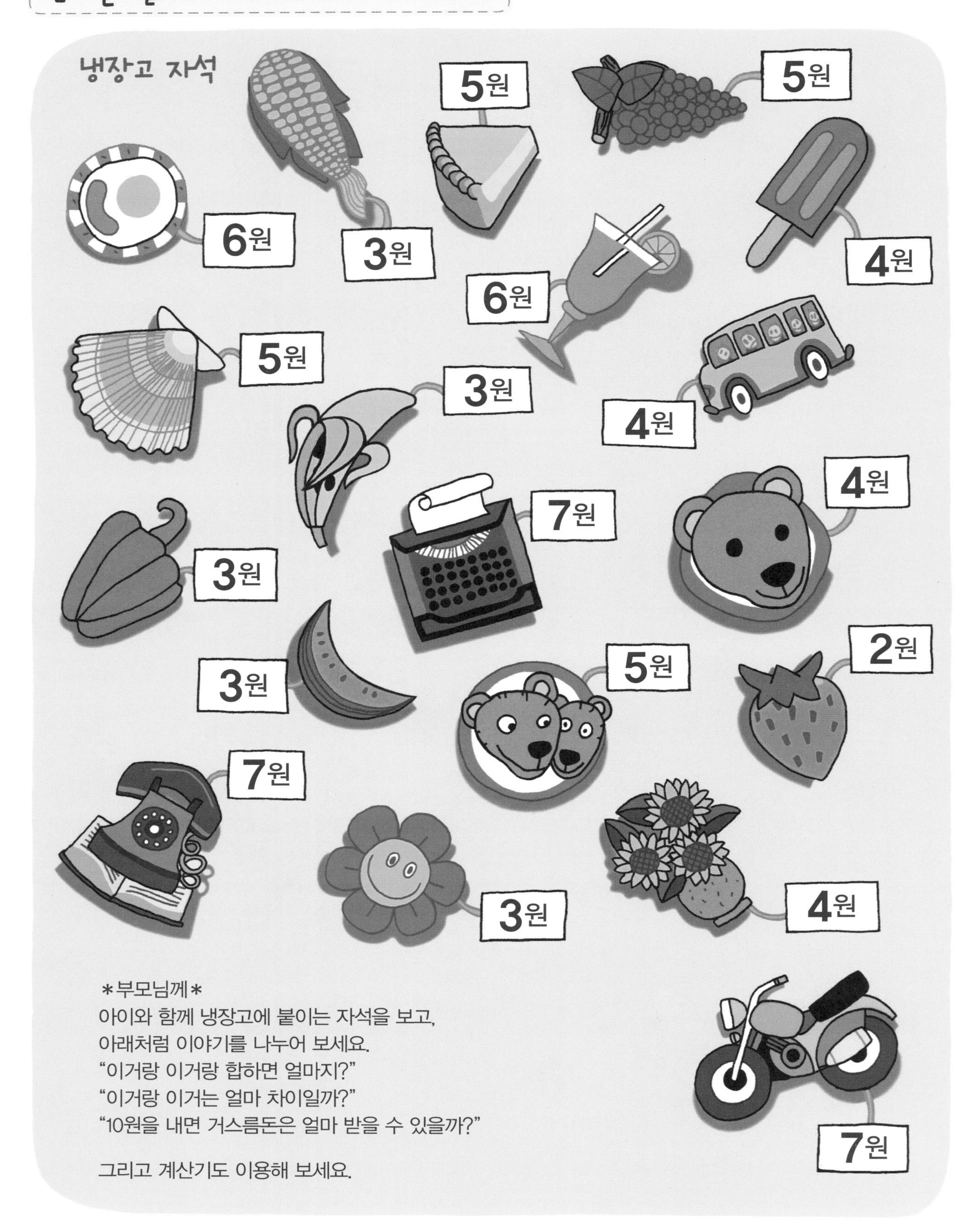
냉장고 자석
5원
5원
6원
3원
4원
6원
5원
3원
4원
7원
4원
3원
3원
5원
2원
7원
3원
4원
7원
*부모님께*
아이와 함께 냉장고에 붙이는 자석을 보고,
아래처럼 이야기를 나누어 보세요.
"이거랑 이거랑 합하면 얼마지?"
"이거랑 이거는 얼마 차이일까?"
"10원을 내면 거스름돈은 얼마 받을 수 있을까?"
그리고 계산기도 이용해 보세요.

# 내가 직접 만드는 문제

공부한 날 월 일

아래 문제를 보고, 54쪽 냉장고 자석들을 사용해서 직접 문제를 만들어 보세요.

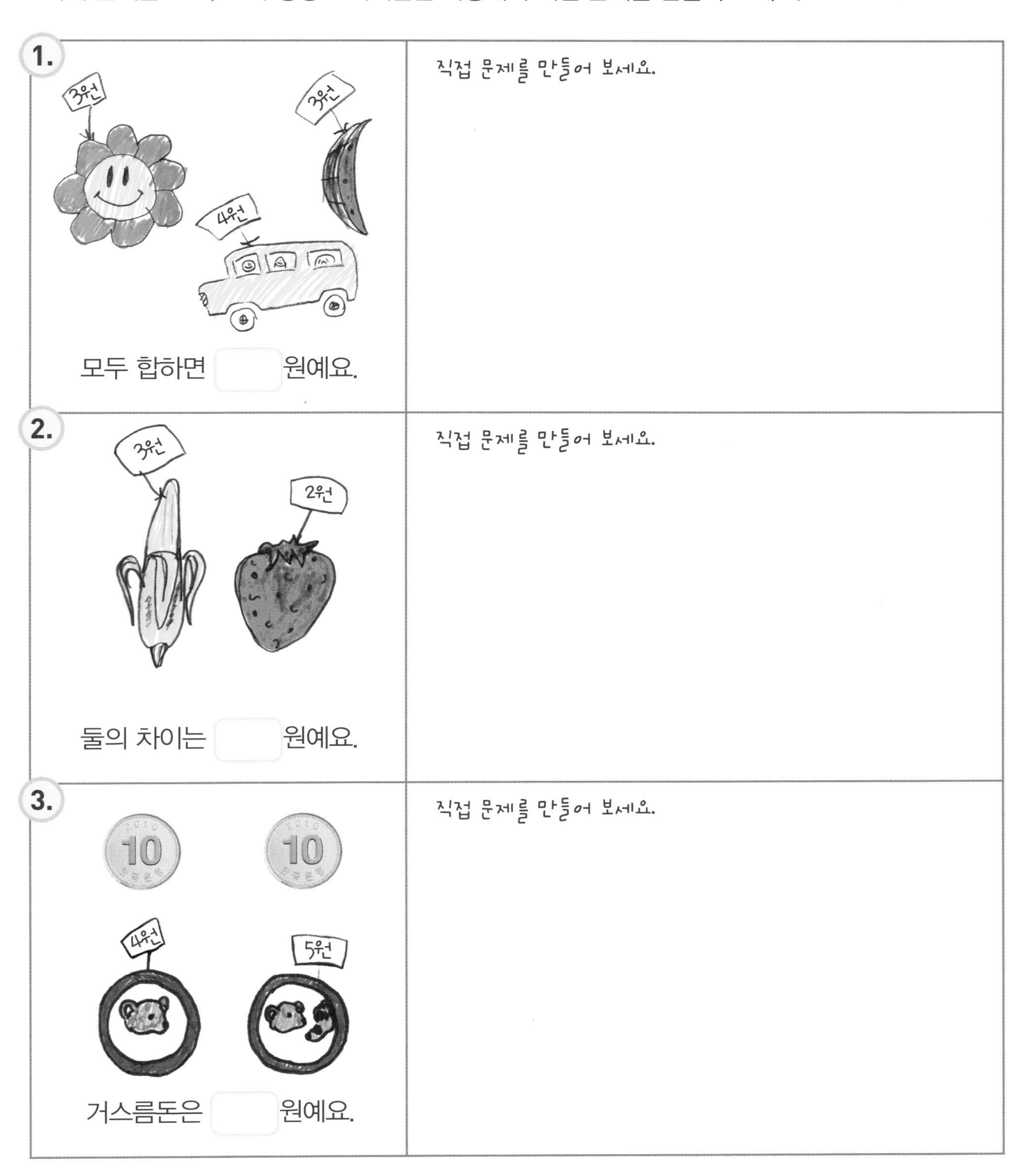

11에서 빼는 수만큼 그림을 지워 보세요. 몇 개가 남나요?

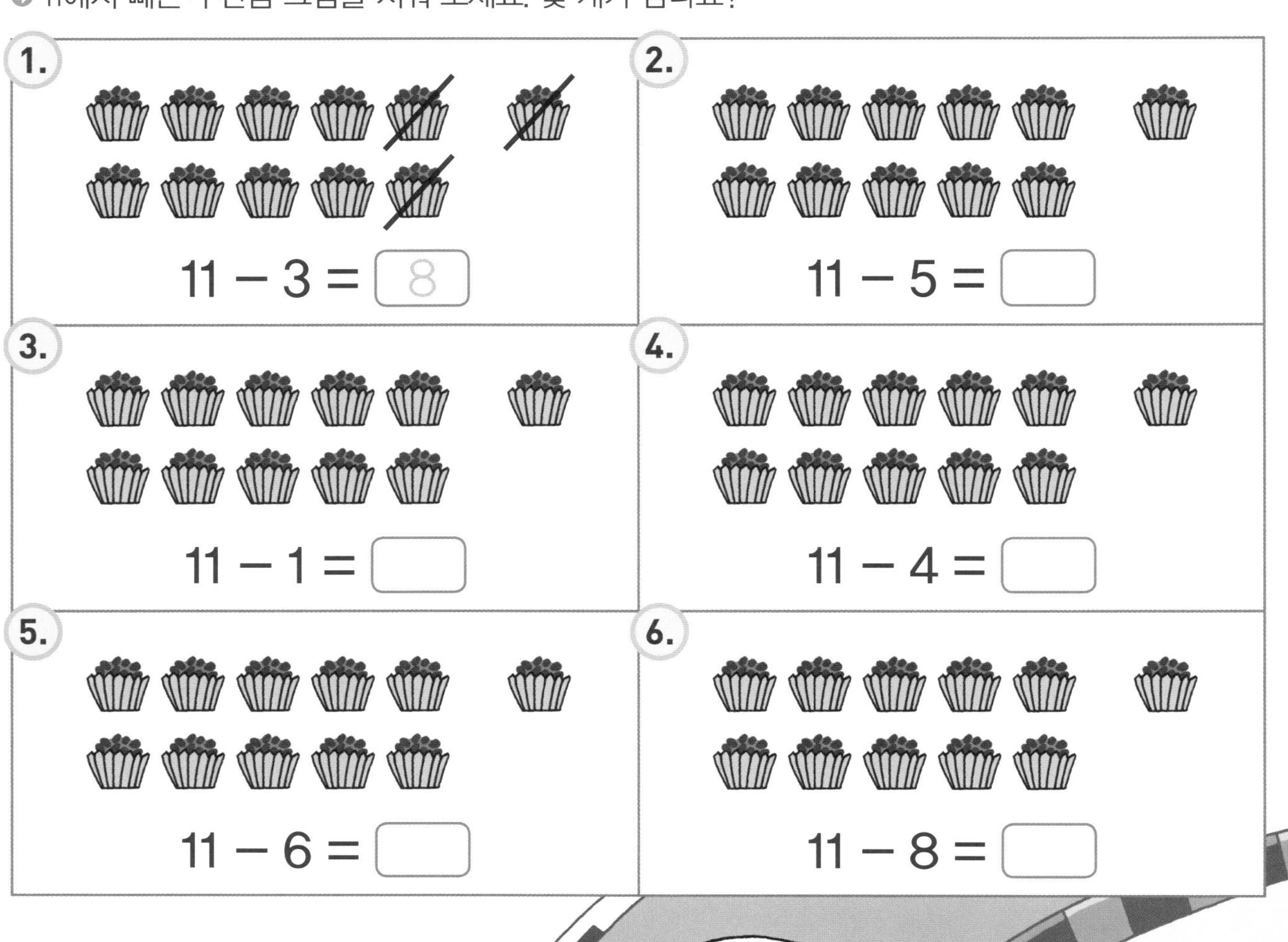

문제가 조금 어렵네. 그래도 포기하지 마, 풀면서 열심히 생각해 보면 잘 풀 수 있을거야.

복돌은 간식을 만드는 걸 좋아해요.
다음 뺄셈과 덧셈으로 알아보세요.

**1.**

11 − 1 − 3 = [7]
11 − 1 − 5 = [ ]
11 − 1 − 6 = [ ]
11 − 1 − 4 = [ ]

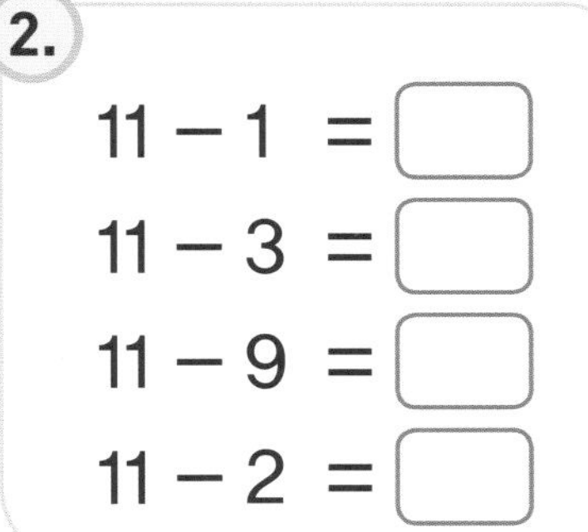

**2.**

11 − 1 = [ ]
11 − 3 = [ ]
11 − 9 = [ ]
11 − 2 = [ ]

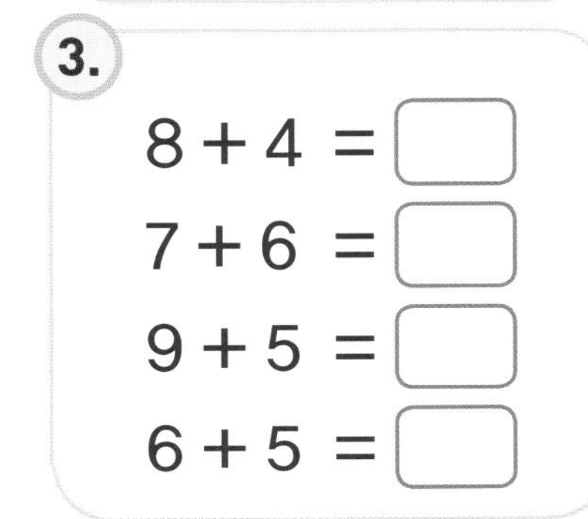

**3.**

8 + 4 = [ ]
7 + 6 = [ ]
9 + 5 = [ ]
6 + 5 = [ ]

**4.**

5 + 5 − 6 = [ ]
6 + 6 + 5 = [ ]
7 + 7 + 6 = [ ]
8 + 8 − 0 = [ ]

*부모님께*
문제를 풀고 답이 있는 칸에 ×표를 합니다. 다 풀고 남은 글자를 보면 어떤 요리인지 알 수 있습니다.

| | | | | |
|---|---|---|---|---|
| 7 어 (×) | 1 샌 | 6 고 | 10 징 | 8 수 |
| 4 가 | 18 드 | 0 위 | 19 치 | 16 프 |
| 5 미 | 13 방 | 20 나 | 4 가 | 2 고 |
| 14 마 | 11 샌 | 9 드 | 17 위 | 12 치 |

복돌은 [ ] 를 만들었어요.

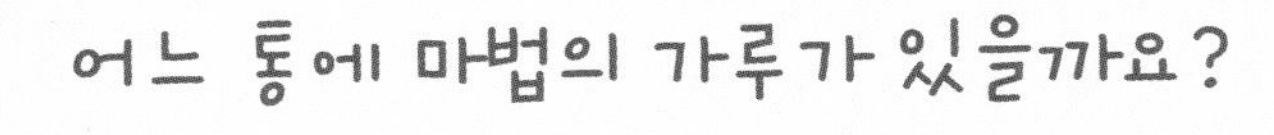

어느 통에 마법의 가루가 있을까요?

*부모님께*
뺄셈을 이용해서 □ 안에 맞는 수를 찾습니다.
찾은 수와 같은 숫자가 있는 마법 가루통을 지우면, 어떤 통인지 알 수 있습니다. 맨 마지막에 남는 통이에요.

10 − 2 − [3] − 5 = 0
20 − [3] − 1 − 6 − [ ] = 0
[ ] − 4 − 2 − [ ] = 0
20 − [ ] − 10 − [ ] = 0
10 − [ ] − 2 − [ ] = 0
[ ] − 1 − 0 − [ ] = 0

12에서 빼는 수만큼 그림을 지워 보세요.

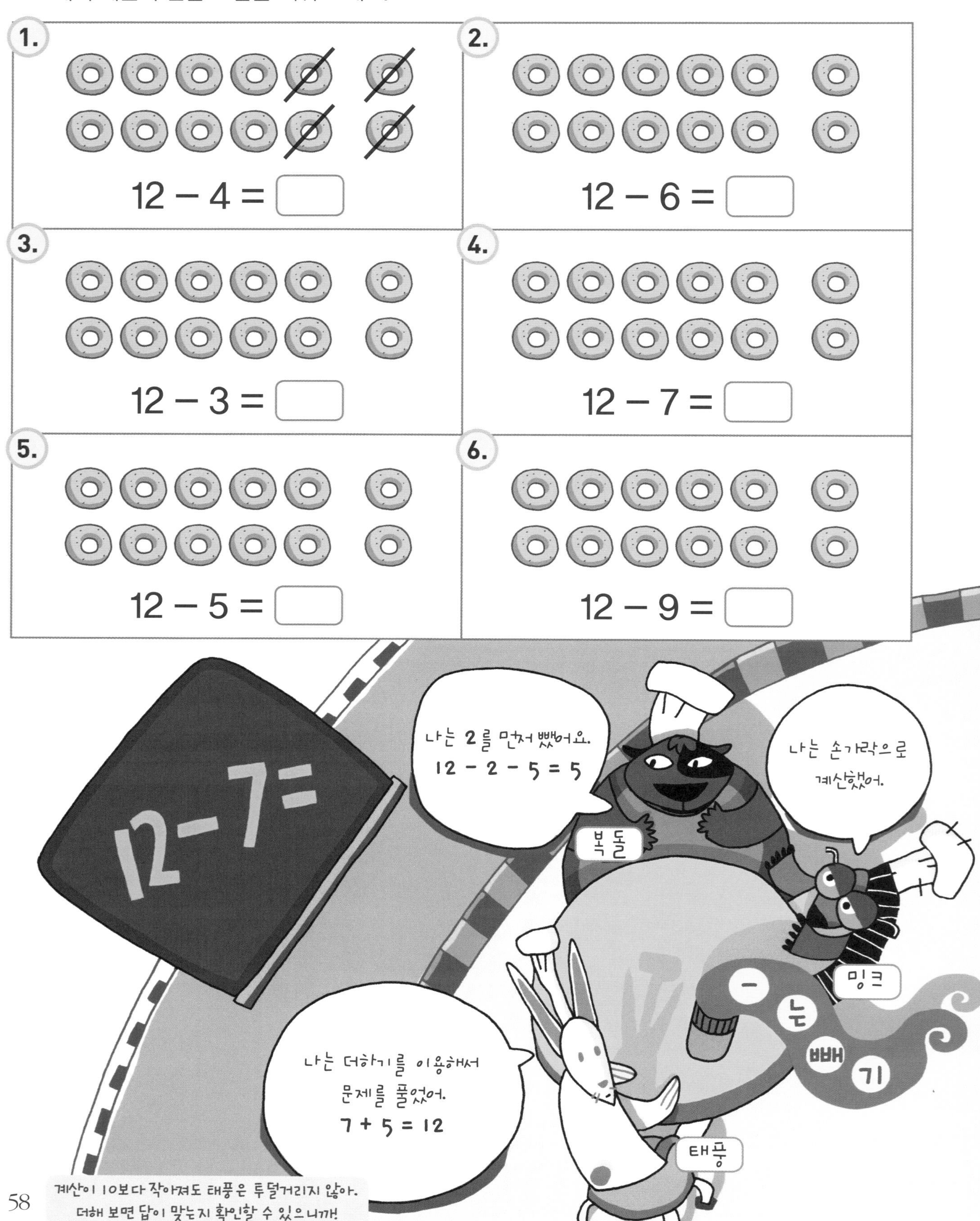

도도가 가장 좋아하는 간식은 뭘까요?
다음 뺄셈과 덧셈으로 알아보세요.

**1.**

$12-2-2=\square$

$12-2-6=\square$

$12-2-3=\square$

$12-2-5=\square$

**2.**

$12-2=\square$

$12-6=\square$

$12-3=\square$

$12-9=\square$

**3.**

$6+6=\square$

$7+7=\square$

$8+8=\square$

$9+9=\square$

**4.**

$7+5-1=\square$

$8+6-1=\square$

$9+7-1=\square$

$10+8-1=\square$

＊부모님께＊
문제를 풀고 답이 있는 칸에 ×표를 합니다. 다 풀고 남은 글자를 보면 어떤 요리인지 알 수 있습니다.

| | | | | |
|---|---|---|---|---|
| 2 고 | 8 사 | 9 아 | 4 차 | 3 호 |
| 14 마 | 17 카 | 15 자 | 19 구 | 7 빵 |
| 18 호 | 10 아 | 6 나 | 11 가 | 5 다 |
| 16 구 | 12 라 | 13 하 | 1 군 | 20 마 |

도도가 가장 좋아하는 간식은 $\square$ 예요.

어느 통에 마법의 가루가 있을까요?

＊부모님께＊
뺄셈을 이용해서 □ 안에 맞는 수를 찾습니다.
찾은 수와 같은 숫자가 있는 마법 가루통을 지우면, 어떤 통인지 알 수 있습니다. 맨 마지막에 남는 통이에요.

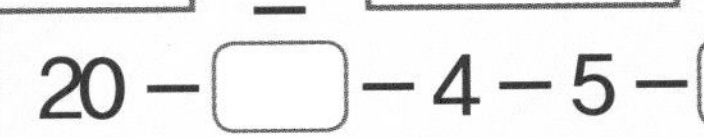

$20-\square-4-5-\square=0$

세로: $20-\square-10-9=0$

세로: $20-\square-1-\square=0$

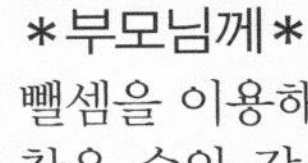

$\square-3-\square-3=0$

세로: $20-\square-10-\square=0$

$20-\square-2-\square=0$

1, 9, 11, 10, 7, 3

13에서 빼는 수만큼 그림을 지워 보세요.

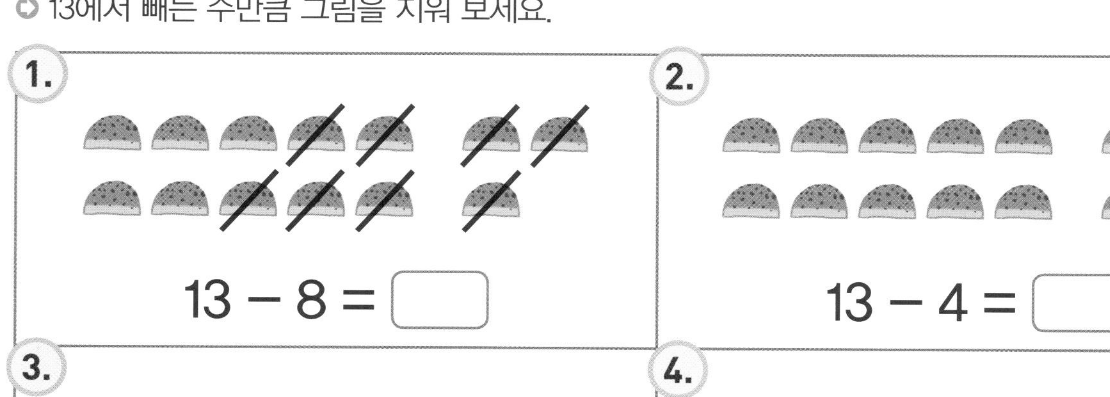

**1.** $13 - 8 = \square$

**2.** $13 - 4 = \square$

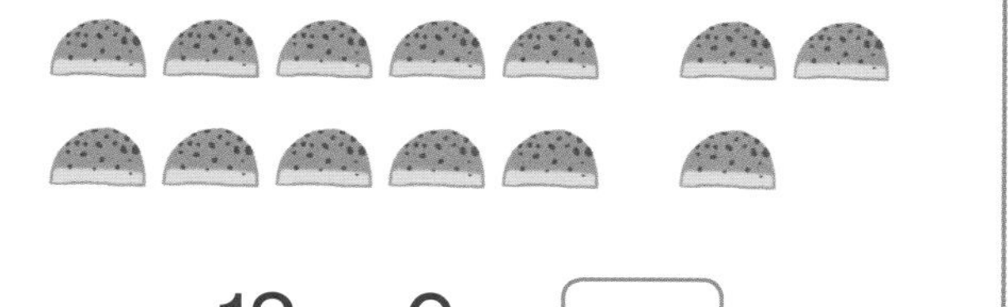

**3.** $13 - 6 = \square$

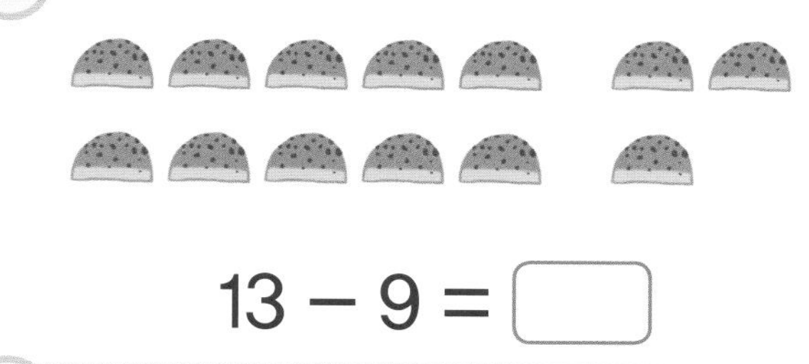

**4.** $13 - 9 = \square$

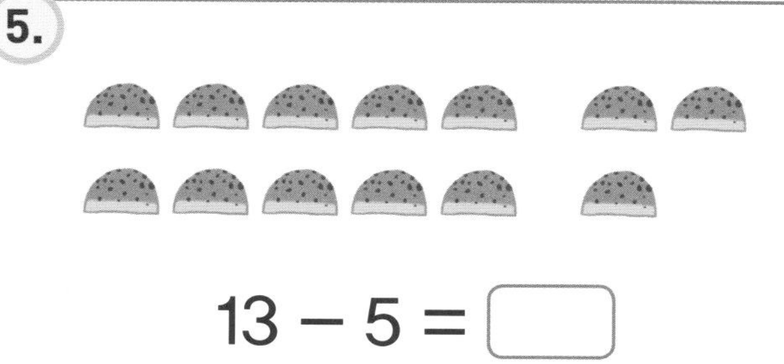

**5.** $13 - 5 = \square$

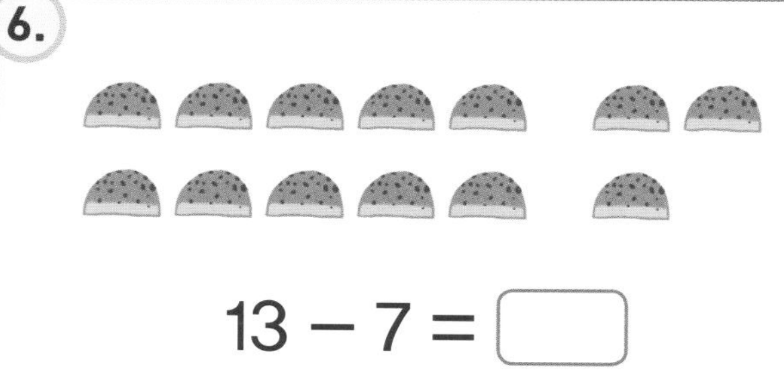

**6.** $13 - 7 = \square$

루루가 가장 좋아하는 간식은 뭘까요?
다음 뺄셈과 덧셈으로 알아보세요.

**1.**
$13 - 3 - 1 = \square$
$13 - 3 - 4 = \square$
$13 - 3 - 2 = \square$
$13 - 3 - 5 = \square$

**2.**
$13 - 3 = \square$
$13 - 6 = \square$
$13 - 9 = \square$
$13 - 0 = \square$

**3.**
$6 + 6 + 6 = \square$
$7 + 7 + 1 = \square$
$8 + 8 - 2 = \square$
$9 + 9 - 1 = \square$

**4.**
$13 - 13 = \square$
$13 - 11 = \square$
$13 - 10 = \square$
$13 - 12 = \square$

*부모님께*
문제를 풀고 답이 있는 칸에 ×표를 합니다. 다 풀고 남은 글자를 보면 어떤 요리인지 알 수 있습니다.

| 6 가 | 9 다 | 11 계 | 8 하 | 5 바 |
|---|---|---|---|---|
| 1 고 | 20 란 | 12 말 | 0 사 | 2 파 |
| 7 아 | 4 마 | 13 카 | 18 나 | 3 타 |
| 19 이 | 10 사 | 17 차 | 15 자 | 14 다 |

루루가 가장 좋아하는 반찬은 $\square$ 예요.

어느 통에 마법의 가루가 있을까요?

*부모님께*
뺄셈을 이용해서 □ 안에 맞는 수를 찾습니다.
찾은 수와 같은 숫자가 있는 마법 가루통을 지우면, 어떤 통인지 알 수 있습니다. 맨 마지막에 남는 통이에요.

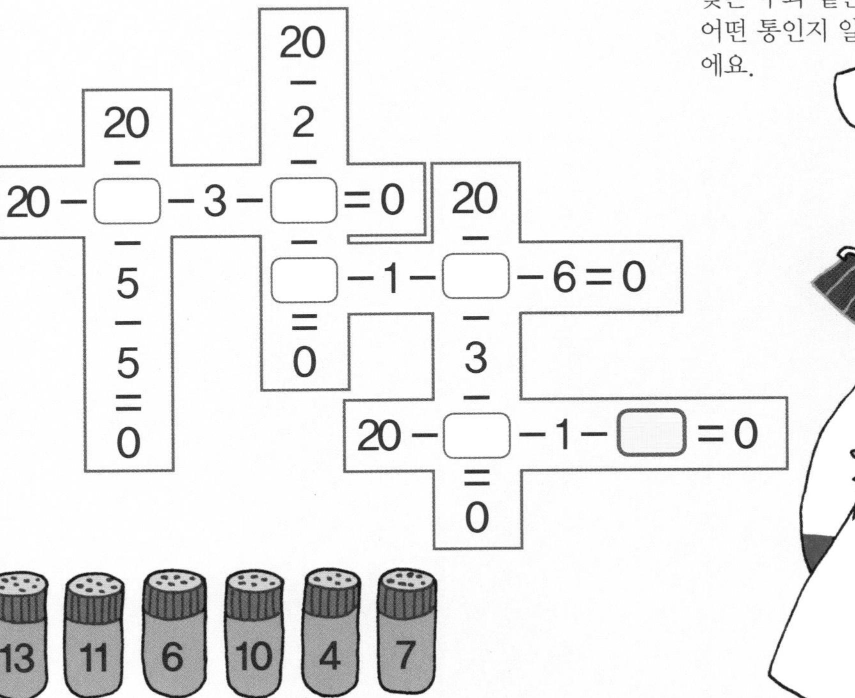

● 14에서 빼는 수만큼 그림을 지워 보세요.

태풍이 가장 좋아하는 간식은 뭘까요?
다음 뺄셈과 덧셈으로 알아보세요.

**1.**

$14-4-1=\square$

$14-4-3=\square$

$14-4-2=\square$

$14-4-5=\square$

**2.**

$14-4=\square$

$14-2=\square$

$14-3=\square$

$14-1=\square$

**3.**

$9+8-3=\square$

$7+7+5=\square$

$8+7-0=\square$

$9+8-0=\square$

**4.**

$20-4=\square$

$20-2=\square$

$20-3=\square$

$20-1=\square$

*부모님께*
문제를 풀고 답이 있는 칸에 ×표를 합니다. 다 풀고 남은 글자를 보면 어떤 요리인지 알 수 있습니다.

| 14 수 | 9 리 | 19 카 | 1 마 | 8 치 |
|---|---|---|---|---|
| 2 카 | 7 하 | 10 나 | 5 자 | 16 순 |
| 12 사 | 3 로 | 17 차 | 13 요 | 11 신 |
| 15 쿠 | 17 히 | 19 요 | 18 상 | 6 니 |

태풍이 가장 좋아하는 간식은 □예요.

어느 통에 마법의 가루가 있을까요?

*부모님께*
뺄셈을 이용해서 □ 안에 맞는 수를 찾습니다. 찾은 수와 같은 숫자가 있는 마법 가루통을 지우면, 어떤 통인지 알 수 있습니다. 맨 마지막에 남는 통이에요.

$20-\square-11-\square=0$

$20-15-\square-3=0$

$20-\square-\square-12=0$

$20-\square-0-\square=0$

$20-\square-1-\square=0$

$20-\square-12-\square=0$

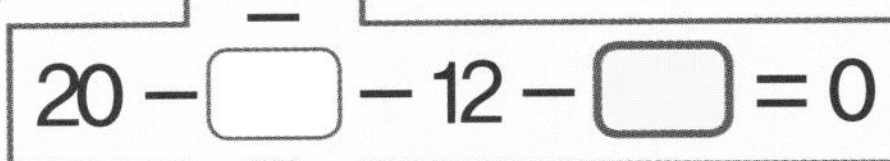

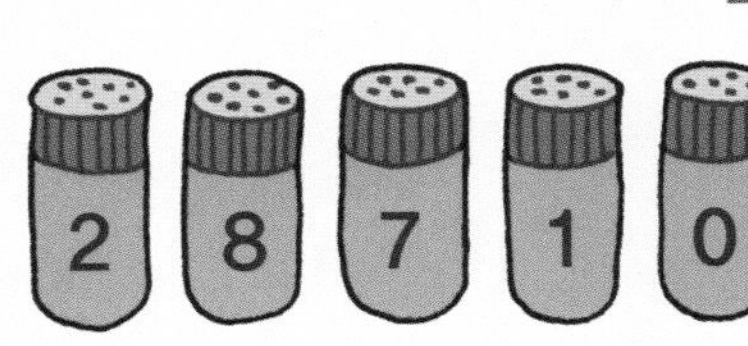

다음 빼는 수만큼 그림을 지워 보세요.

**1.**

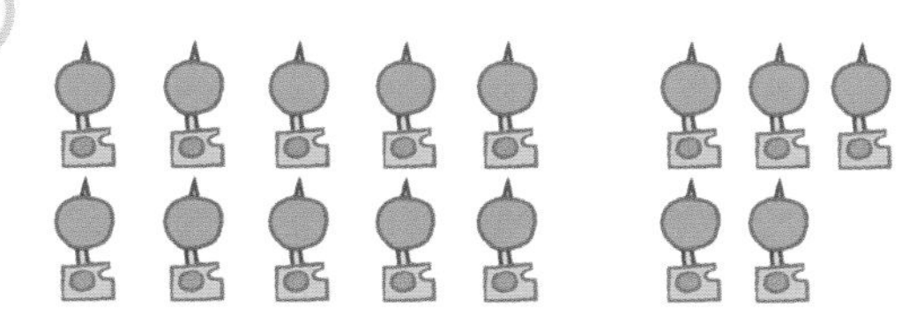

15 – 6 = ☐

**2.**

15 – 8 = ☐

**3.**

15 – 9 = ☐

**4.**

15 – 7 = ☐

**5.**

16 – 8 = ☐

**6.**

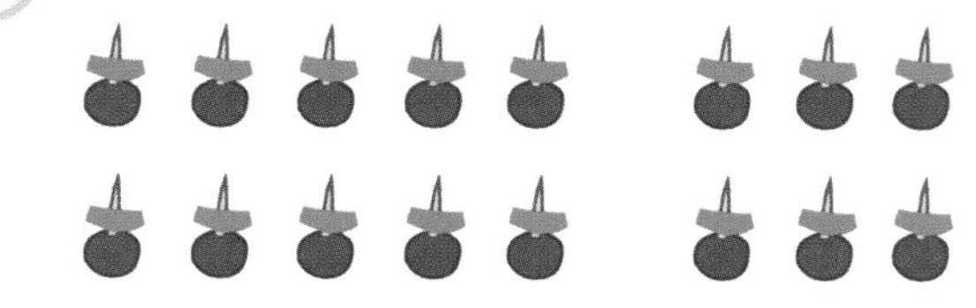

16 – 9 = ☐

**7.**

17 – 8 = ☐

**8.**

17 – 9 = ☐

**9.**

18 – 9 = ☐

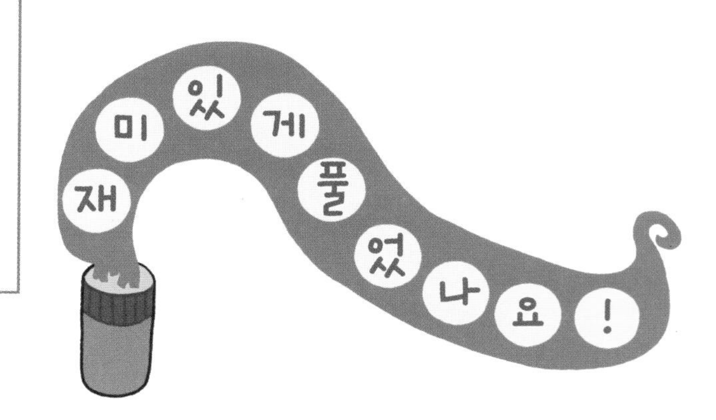

도치가 가장 좋아하는 간식은 뭘까요?
다음 뺄셈과 덧셈으로 알아보세요.

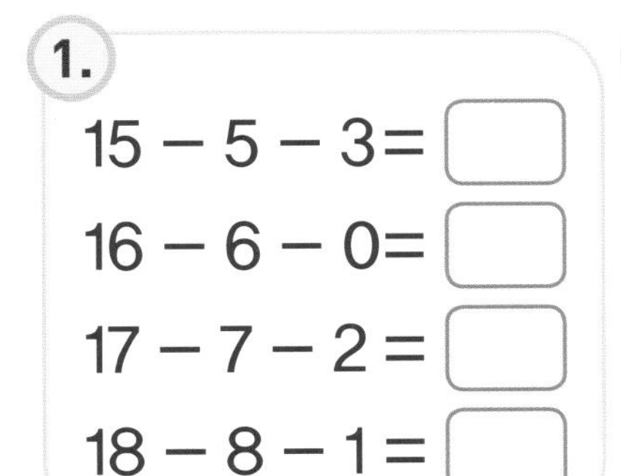

**1.**

15 − 5 − 3 = □
16 − 6 − 0 = □
17 − 7 − 2 = □
18 − 8 − 1 = □

**2.**

15 − 12 = □
16 − 11 = □
17 − 13 = □
18 − 12 = □

**3.**

20 − 19 = □
20 − 16 = □
20 − 18 = □
20 − 20 = □

**4.**

20 − 5 = □
20 − 8 = □
20 − 6 = □
20 − 9 = □

*부모님께*
문제를 풀고 답이 있는 칸에 ×표를 합니다. 다 풀고 남은 글자를 보면 어떤 요리인지 알 수 있습니다.

| | | | | |
|---|---|---|---|---|
| 6 마 | 7 가 | 8 사 | 9 고 | 13 초 |
| 10 니 | 19 코 | 18 파 | 4 루 | 4 다 |
| 1 두 | 0 사 | 11 과 | 20 이 | 12 시 |
| 2 호 | 3 라 | 14 자 | 15 하 | 5 요 |

도치가 가장 좋아하는 간식은 □ 예요.

어느 통에 마법의 가루가 있을까요?

*부모님께*
뺄셈을 이용해서 □ 안에 맞는 수를 찾습니다. 찾은 수와 같은 숫자가 있는 마법 가루통을 지우면, 어떤 통인지 알 수 있습니다. 맨 마지막에 남는 통이에요.

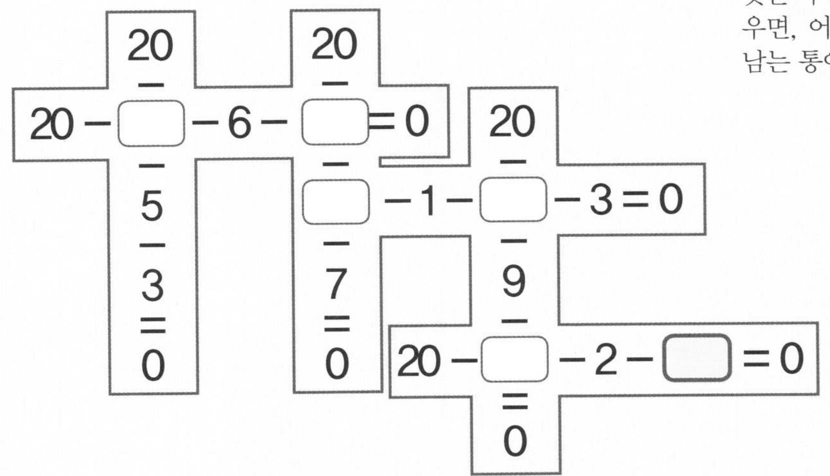


14 4 2 7 11 12

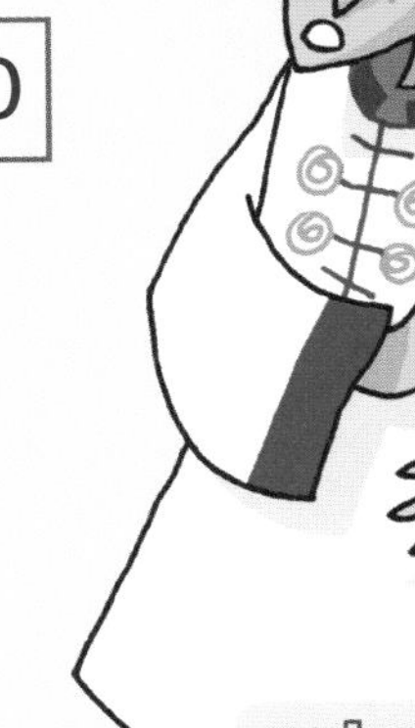

이 문제를 풀 수 있으면 이제 뺄셈을 잘할 수 있다는 거예요.

여러 수를 더해서 12를 만들거나, 12에서 어떤 수를 빼 보세요.

12

10 + 2 =

2 + 10 =

12 − 2 =

12 − 10 =

12

6 + 6 =

12 − 6 =

12

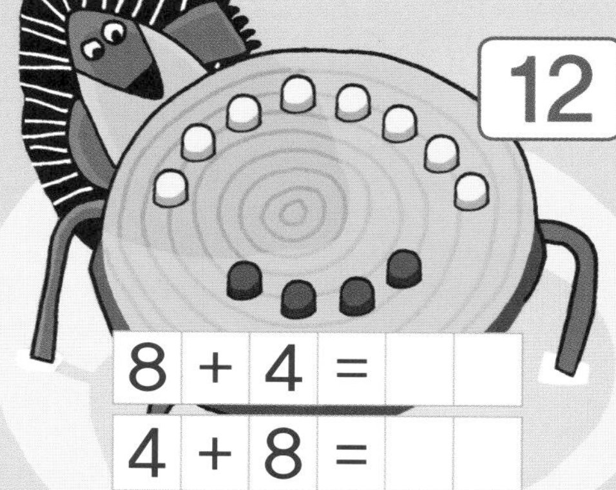

8 + 4 =

4 + 8 =

12 − 4 =

12 − 8 =

12

7 + 5 =

5 + 7 =

12 − 5 =

12 − 7 =

12

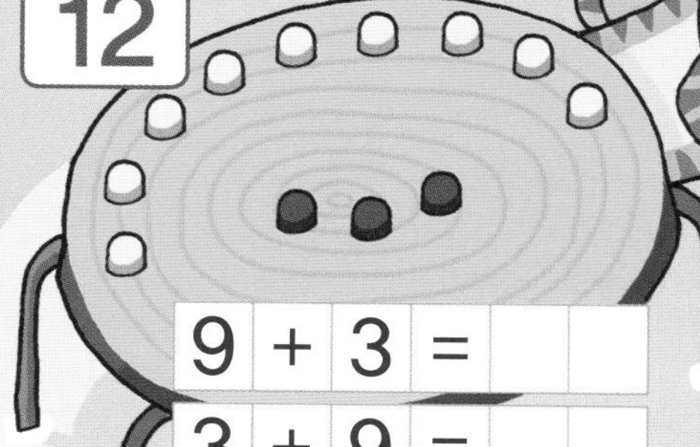

9 + 3 =

3 + 9 =

12 − 3 =

12 − 9 =

다음 덧셈과 뺄셈을 해 보세요.

**1.**
$7 + 7 =$
$14 - 7 =$

**2.**
$8 + 8 =$
$16 - 8 =$

**3.**
$9 + 9 =$
$18 - 9 =$

**4.**
$7 + 4 =$
$4 + 7 =$
$11 - 4 =$
$11 - 7 =$

**5.**
$8 + 6 =$
$6 + 8 =$
$14 - 6 =$
$14 - 8 =$

**6.**
$9 + 3 =$
$3 + 9 =$
$12 - 3 =$
$12 - 9 =$

**7.**
$8 + 5 =$
$5 + 8 =$
$13 - 5 =$
$13 - 8 =$

**8.**
$9 + 2 =$
$2 + 9 =$
$11 - 2 =$
$11 - 9 =$

**9.**
$7 + 6 =$
$6 + 7 =$
$13 - 6 =$
$13 - 7 =$

**10.**
$8 + 7 =$
$7 + 8 =$
$15 - 7 =$
$15 - 8 =$

**11.**
$7 + 5 =$
$5 + 7 =$
$12 - 5 =$
$12 - 7 =$

**12.**
$8 + 4 =$
$4 + 8 =$
$12 - 4 =$
$12 - 8 =$

**13.**
$6 + 5 =$
$5 + 6 =$
$11 - 5 =$
$11 - 6 =$

**14.**
$9 + 6 =$
$6 + 9 =$
$15 - 6 =$
$15 - 9 =$

**15.**
$8 + 3 =$
$3 + 8 =$
$11 - 3 =$
$11 - 8 =$

문제가 많나요? 그래도 "수학을 잘 하려면 열심히 연습해야돼."라고 여우 선생님이 말씀하시네요.

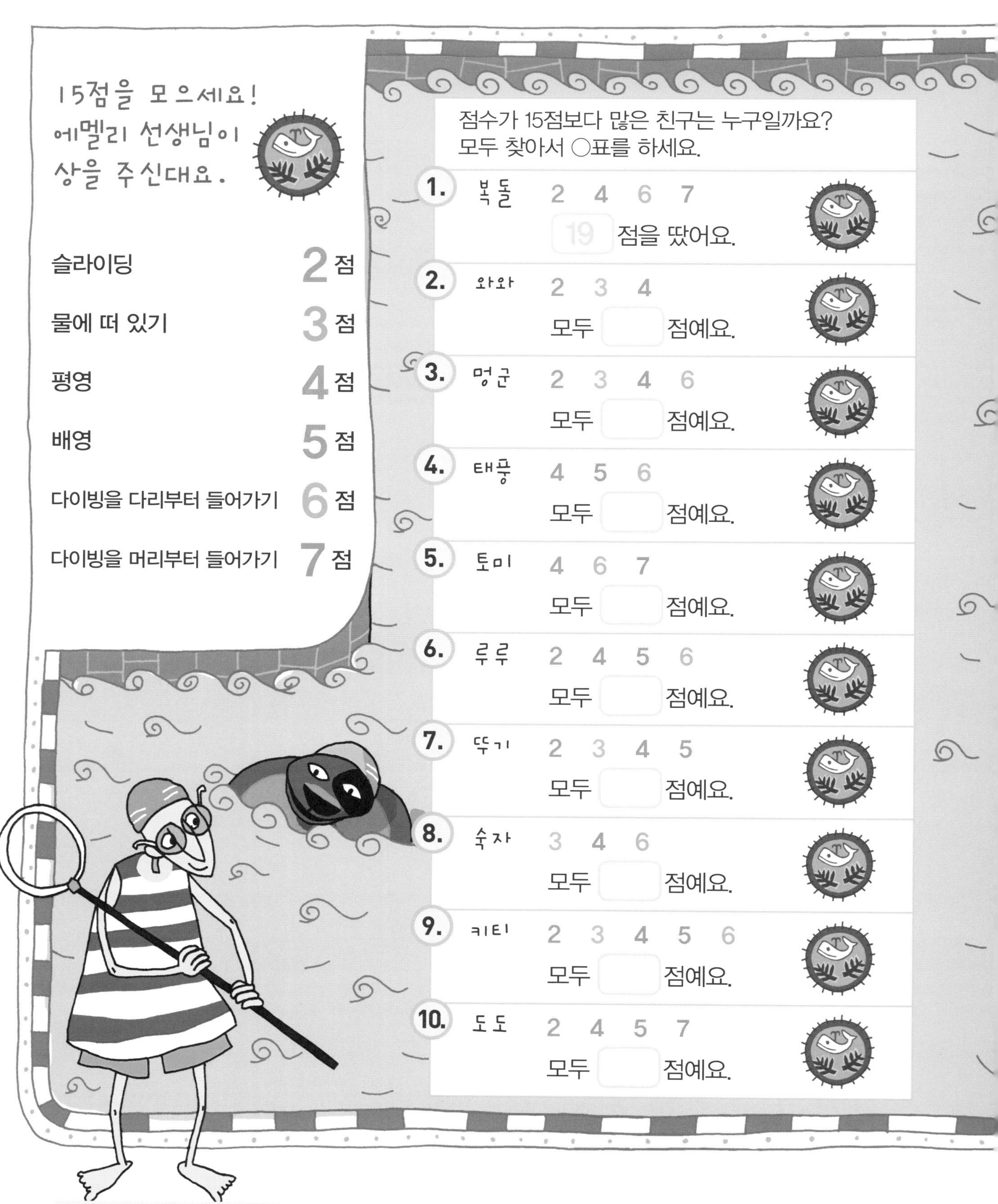


에멜리 선생님은 수영을 참 잘하세요.
물론 수영 강사 자격증도 있답니다.

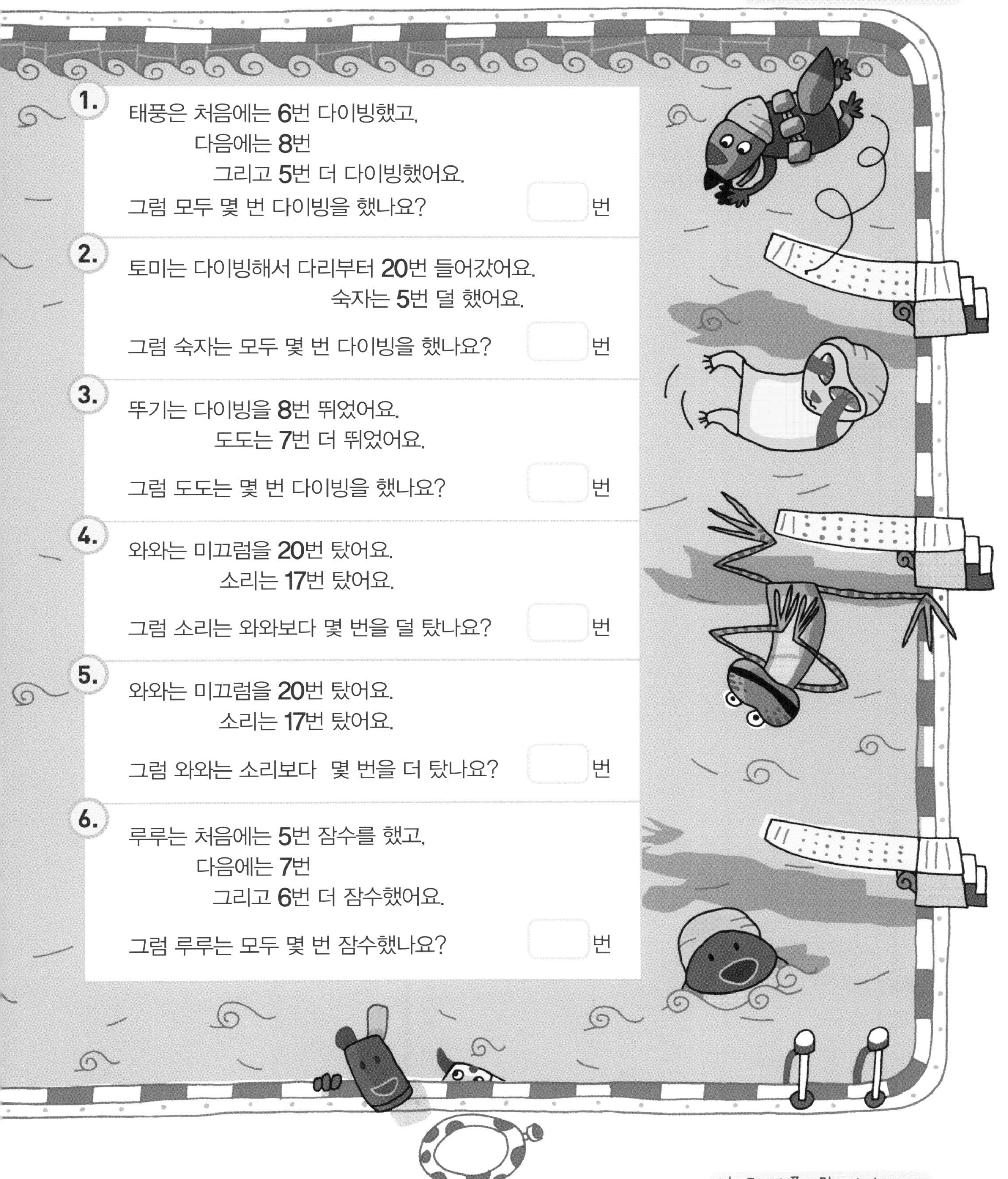

**1.** 태풍은 처음에는 6번 다이빙했고,
다음에는 8번
그리고 5번 더 다이빙했어요.
그럼 모두 몇 번 다이빙을 했나요? ☐ 번

**2.** 토미는 다이빙해서 다리부터 20번 들어갔어요.
숙자는 5번 덜 했어요.
그럼 숙자는 모두 몇 번 다이빙을 했나요? ☐ 번

**3.** 뚜기는 다이빙을 8번 뛰었어요.
도도는 7번 더 뛰었어요.
그럼 도도는 몇 번 다이빙을 했나요? ☐ 번

**4.** 와와는 미끄럼을 20번 탔어요.
소리는 17번 탔어요.
그럼 소리는 와와보다 몇 번을 덜 탔나요? ☐ 번

**5.** 와와는 미끄럼을 20번 탔어요.
소리는 17번 탔어요.
그럼 와와는 소리보다 몇 번을 더 탔나요? ☐ 번

**6.** 루루는 처음에는 5번 잠수를 했고,
다음에는 7번
그리고 6번 더 잠수했어요.
그럼 루루는 모두 몇 번 잠수했나요? ☐ 번

수학 문제만 풀지 말고 수영도 하고,
미끄럼도 타자, 루루가 외쳐요.

## 함께 놀이를 해요 – 11에서 20까지 수를 나누어 보기

다음 덧셈과 뺄셈을 해 보세요.

공부한 날 월 일

**1.**

$12 + 3 - 10 = \square$

$14 + 4 - 10 = \square$

$11 + 8 - 10 = \square$

$13 + 4 - 10 = \square$

**2.**

$17 - 2 - 5 = \square$

$19 - 3 - 6 = \square$

$18 - 4 - 4 = \square$

$16 - 3 - 3 = \square$

**3.**

$18 - 16 + 3 = \square$

$15 - 11 + 6 = \square$

$17 - 12 + 0 = \square$

$19 - 11 + 2 = \square$

**4.**

$10 + 3 - 3 = \square$

$15 - 5 + 5 = \square$

$17 + 2 - 2 = \square$

$19 - 6 + 6 = \square$

**5.**

$20 - 3 - 2 = \square$

$20 - 5 - 5 = \square$

$20 - 9 - 1 = \square$

$20 - 7 - 1 = \square$

**6.**

$20 - 19 - 1 = \square$

$20 - 15 - 2 = \square$

$20 - 14 - 1 = \square$

$20 - 17 - 3 = \square$

**7.**

$6 + 6 + 3 = \square$

$7 + 7 - 4 = \square$

$8 + 8 + 4 = \square$

$9 + 9 - 4 = \square$

**8.**

$9 + 5 - 6 = \square$

$9 + 3 - 3 = \square$

$9 + 8 - 3 = \square$

$9 + 4 - 2 = \square$

**9.**

$8 + 3 - 1 = \square$

$8 + 7 - 0 = \square$

$8 + 4 - 1 = \square$

$8 + 6 - 0 = \square$

**10.**

$7 + 6 + 7 = \square$

$7 + 4 + 4 = \square$

$7 + 8 + 5 = \square$

$7 + 5 + 3 = \square$

**11.**

$6 + 5 - 1 = \square$

$6 + 9 - 2 = \square$

$6 + 7 - 3 = \square$

$6 + 8 - 2 = \square$

**12.**

$5 + 7 + 3 = \square$

$5 + 9 + 1 = \square$

$5 + 6 - 1 = \square$

$5 + 8 - 3 = \square$

뇌체조 2

## 순서대로 나열해 보세요.

친구들이 간식을 만들고 있어요. 그림을 보고, □ 안에 순서에 맞게 숫자를 쓰세요.

- 수를 어떤 규칙으로 나열했나요? 규칙대로 나열하면 다음에 올 수를 □ 안에 쓰세요.

| | | | | | | | | | |
|---|---|---|---|---|---|---|---|---|---|
| 0 | 2 | 4 | 6 | □ | 1 | 4 | 7 | 10 | □ |
| 1 | 3 | 5 | 7 | □ | 1 | 5 | 9 | 13 | □ |
| 9 | 11 | 13 | 15 | □ | 0 | 3 | 6 | 9 | □ |
| 6 | 8 | 10 | 12 | □ | 2 | 6 | 10 | 14 | □ |

- □ 안의 수는 어떤 수일까요? 잘 생각해 보고 써 보세요.

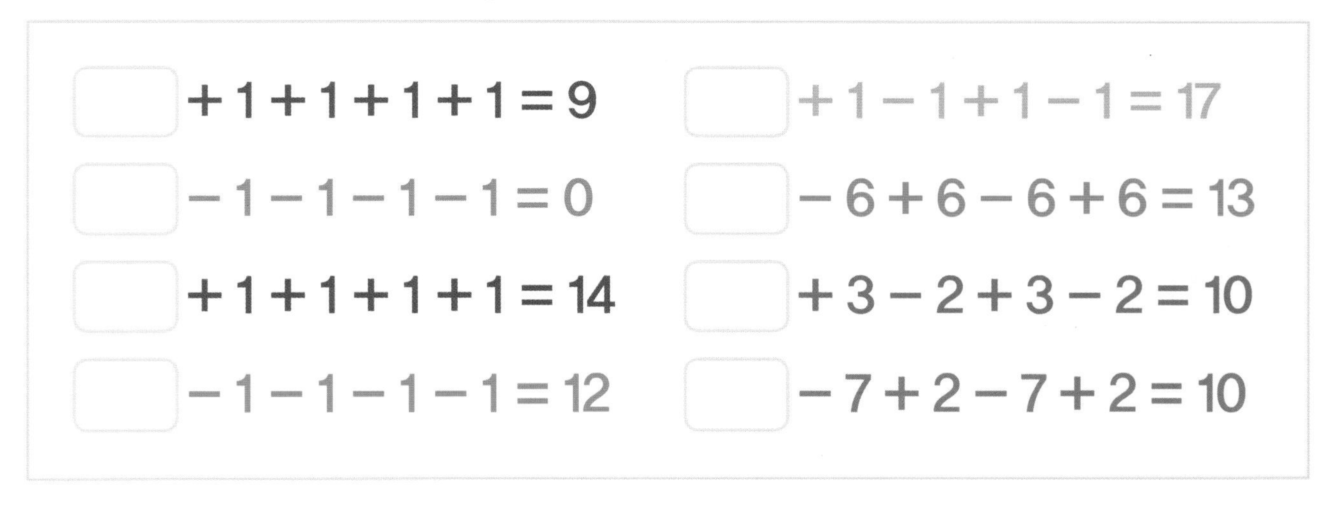

$\square + 1 + 1 + 1 + 1 = 9$    $\square + 1 - 1 + 1 - 1 = 17$

$\square - 1 - 1 - 1 - 1 = 0$    $\square - 6 + 6 - 6 + 6 = 13$

$\square + 1 + 1 + 1 + 1 = 14$    $\square + 3 - 2 + 3 - 2 = 10$

$\square - 1 - 1 - 1 - 1 = 12$    $\square - 7 + 2 - 7 + 2 = 10$

- 규칙에 맞지 않는 수가 하나 있어요. 그 수를 찾아서 ○표 하세요.

| | | | |
|---|---|---|---|
| 2, 1, 4, 7, 3 | 8, 4, 6, 10, 11 | 15, 17, 18, 16, 12 | 17, 15, 16, 11, 13 |

문제가 어렵죠? 처음에 □가 있는 문제는 답에 있는 수에서 거꾸로 계산해 보면 찾아낼 수 있을 거예요.

## 배운 걸 다시 확인해 봐요.

공부한 날 월 일

○ 다음 덧셈과 뺄셈을 해 보세요.

**1.**

6 + 5 = □

4 + 8 = □

7 + 9 = □

6 + 8 = □

**2.**

8 + 9 = □

7 + 6 = □

3 + 9 = □

4 + 7 = □

**3.**

6 + 5 + 2 = □

9 + 4 + 4 = □

7 + 8 − 4 = □

6 + 6 − 2 = □

**4.**

11 − 4 = □

15 − 8 = □

18 − 9 = □

13 − 6 = □

**5.**

12 − 7 = □

17 − 9 = □

14 − 5 = □

16 − 8 = □

**6.**

13 − 4 − 2 = □

16 − 9 − 3 = □

12 − 4 + 2 = □

11 − 7 + 5 = □

○ 지금 가지고 있는 돈으로 물건을 사면, 돈이 얼마가 남을까요?

| 가지고 있는 돈 | 살 물건 | 이만큼 남아요 |
|---|---|---|
| **7.** 10, 10 | 6원, 5원 | □원 |
| **8.** 10, 10 | 7원, 4원, 3원 | □원 |
| **9.** 10, 10 | 6원, 2원, 3원, 7원 | □원 |

○ 지금까지 재미있게 잘했나요?
지금 내 기분과 똑같은 복돌이의 얼굴에 ○표 하세요.

# 2 0에서 100까지 수와 두 자리 수의 덧셈과 뺄셈

- 두 자리 수 배우기
- 0에서 100까지 수를 서로 비교하고 차례대로 배열하기
- 두 자리 수와 십진법 알기
- 두 자리 수의 덧셈과 뺄셈
- 문제 해결력 키우기

20까지 배웠지만 여행은 아직 안 끝났어. 100까지 하려면 더 이상 숫자 하나로 안 되지.

## 두 자리 수의 개념

◎ 모두 얼마인가요? 10원씩 묶어서 알아보면 쉬워요. 그리고 □ 안에 모두 얼마인지 쓰세요.

□□ 원

1원짜리 동전을 10개씩 묶으면 10개 묶음이 9개, 그리고 1원짜리는 동전 5개가 남아요. 그럼 모두 95원이 된답니다. 그리고 10원씩 10묶음이면 100원이 돼요.

동전을 보고, □ 안에 얼마인지 쓰세요.

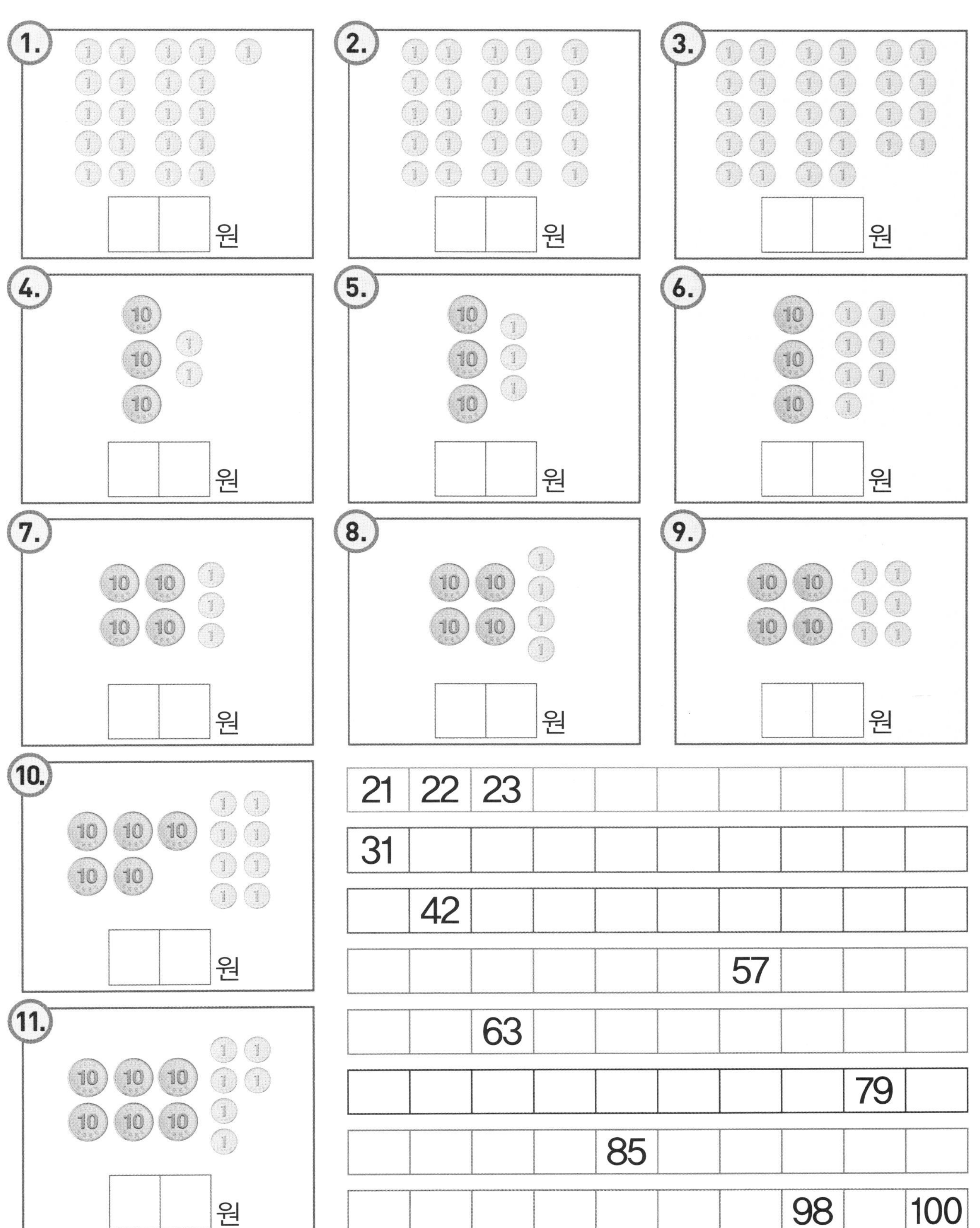


| | | | | | | | | | |
|---|---|---|---|---|---|---|---|---|---|
| 21 | 22 | 23 | | | | | | | |
| 31 | | | | | | | | | |
| | 42 | | | | | | | | |
| | | | | | | 57 | | | |
| | | 63 | | | | | | | |
| | | | | | | | | 79 | |
| | | | | 85 | | | | | |
| | | | | | | | 98 | | 100 |

여우 선생님이 '얘들아, 오늘 백까지 셀 거야!'
라고 하시네요.

수의 순서대로 선으로 이어 보세요. 친구들이 무엇을 하며 놀고 있나요?

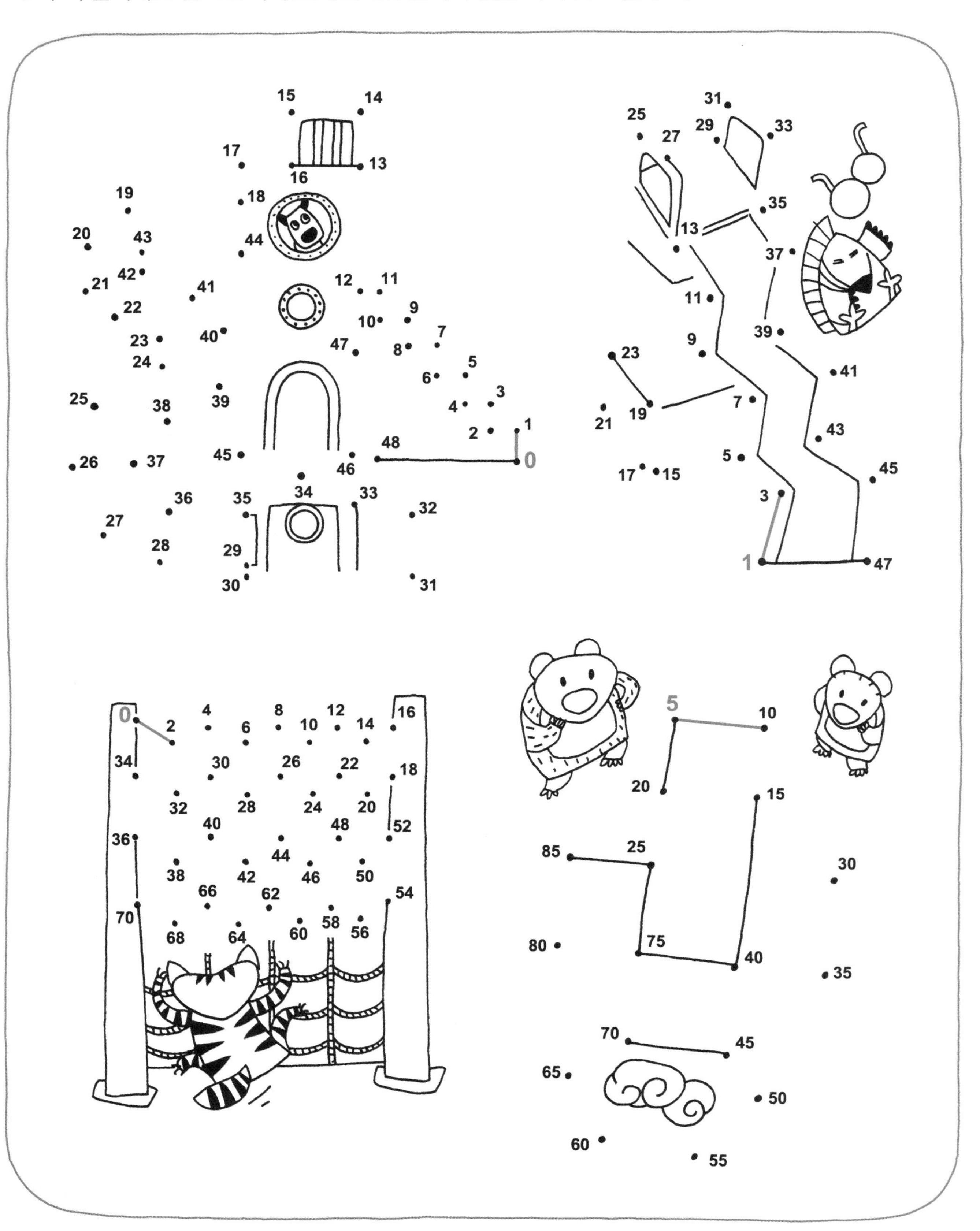

공부한 날 월 일

# 십의 자리와 일의 자리

○ 조건에 맞는 수들을 찾아서 ○표를 하세요.

| | | | | | | | | |
|---|---|---|---|---|---|---|---|---|
| 1. 십의 자리가 7이에요. | 75 | 72 | 27 | 71 | 17 | 70 | 57 | 7 |
| 2. 십의 자리가 2예요. | 25 | 12 | 2 | 23 | 22 | 62 | 92 | 20 |
| 3. 일의 자리가 5예요. | 65 | 50 | 45 | 15 | 55 | 95 | 59 | 50 |
| 4. 일의 자리가 1이에요. | 51 | 100 | 91 | 5 | 11 | 81 | 16 | 1 |
| 5. 일의 자리가 0이에요. | 11 | 10 | 1 | 100 | 5 | 70 | 23 | 30 |
| 6. 십의 자리가 없어요. | 5 | 16 | 80 | 99 | 9 | 90 | 6 | 70 |
| 7. 십의 자리가 3이에요. | 30 | 53 | 33 | 35 | 13 | 38 | 23 | 37 |
| 8. 일의 자리가 7이에요. | 17 | 77 | 7 | 43 | 71 | 27 | 70 | 72 |

○ 서로 비교해서 □ 안에 >, < 또는 =를 쓰세요.

| | | | |
|---|---|---|---|
| 10 + 6 = 16 | 20 + 5 □ 25 | 70 + 2 □ 72 | 30 + 3 □ 33 |
| 10 + 6 > 6 | 20 + 5 □ 20 | 70 + 2 □ 27 | 30 + 3 □ 30 |
| 10 + 6 □ 10 | 20 + 5 □ 50 | 70 + 2 □ 80 | 30 + 3 □ 43 |
| 10 + 6 □ 20 | 20 + 5 □ 52 | 70 + 2 □ 70 | 30 + 3 □ 3 |

두 자리 수는 숫자를 서로 자리만 바꾸어도 수가 달라져요.
십의 자리가 6, 일의 자리가 3이면 63이 됩니다.

## 두 자리 수 비교하기

얼마인가요? 각각 얼마인지 쓰고, 양쪽을 비교해서 □ 안에 >, < 또는 =를 넣으세요.

**1.**

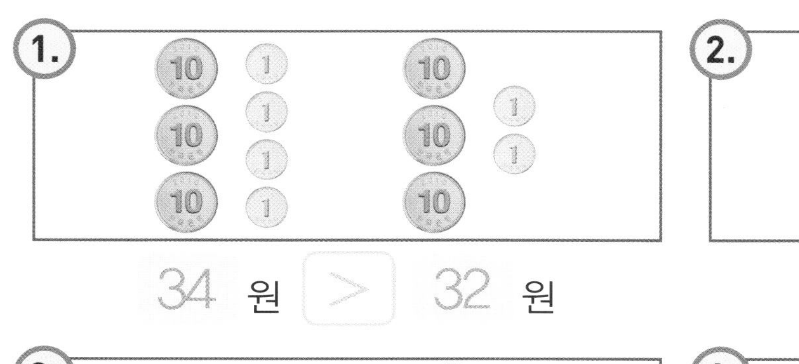

34 원 > 32 원

**2.**

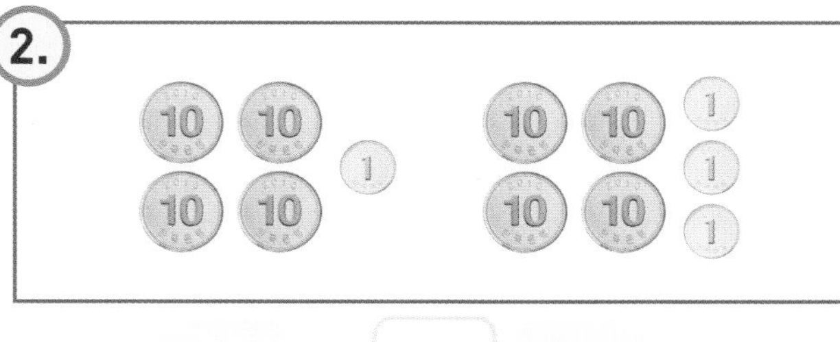

원 □ 원

**3.**

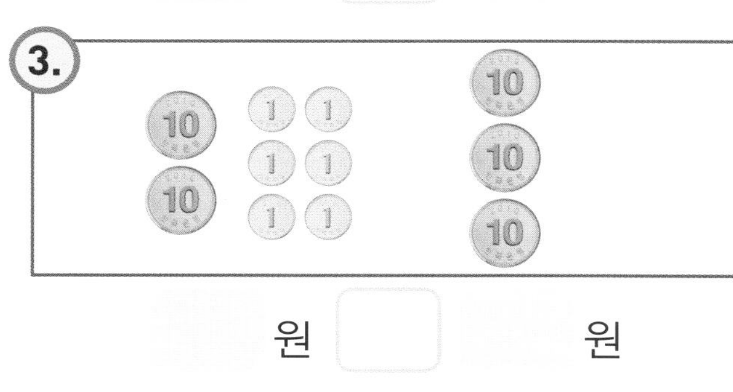

원 □ 원

**4.**

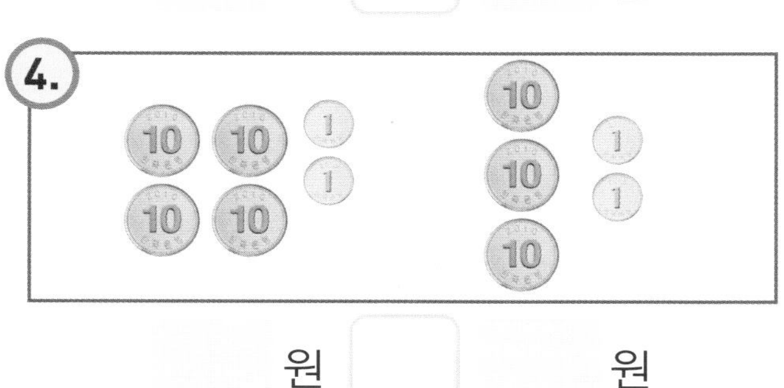

원 □ 원

어느 수가 더 큰가요? 아니면 두 수가 같은가요? □ 안에 >, <, =를 넣으세요.

**5.**

| | | |
|---|---|---|
| 7 | > | 5 |
| | | |
| 3 | < | 9 |
| | | |
| 8 | | 4 |
| | | |
| 2 | | 6 |

**6.**

| | | | |
|---|---|---|---|
| 1 | 0 | | 9 |
| | | | |
| 2 | 5 | | 7 |
| | | | |
| 3 | 1 | | 5 |
| | | | |
| 7 | 1 | | 8 |

**7.**

| | | | | |
|---|---|---|---|---|
| 4 | 5 | | 2 | 5 |
| | | | | |
| 7 | 2 | | 9 | 2 |
| | | | | |
| 5 | 3 | | 5 | 6 |
| | | | | |
| 8 | 8 | | 8 | 0 |

**8.**

| | | | | |
|---|---|---|---|---|
| 5 | 4 | | 4 | 5 |
| | | | | |
| 1 | 8 | | 8 | 1 |
| | | | | |
| 5 | 1 | | 4 | 9 |
| | | | | |
| 6 | 0 | | 3 | 8 |

다음 수들을 작은 수부터 차례대로 나열해 보세요.

**9.** 20 18 39 81

| | | | |
|---|---|---|---|
| 18 | 20 | | |

**10.** 16 61 39 41

| | | | |
|---|---|---|---|
| | | | |

**11.** 58 28 98 48

| | | | |
|---|---|---|---|
| | | | |

**12.** 66 62 63 60

| | | | |
|---|---|---|---|
| | | | |

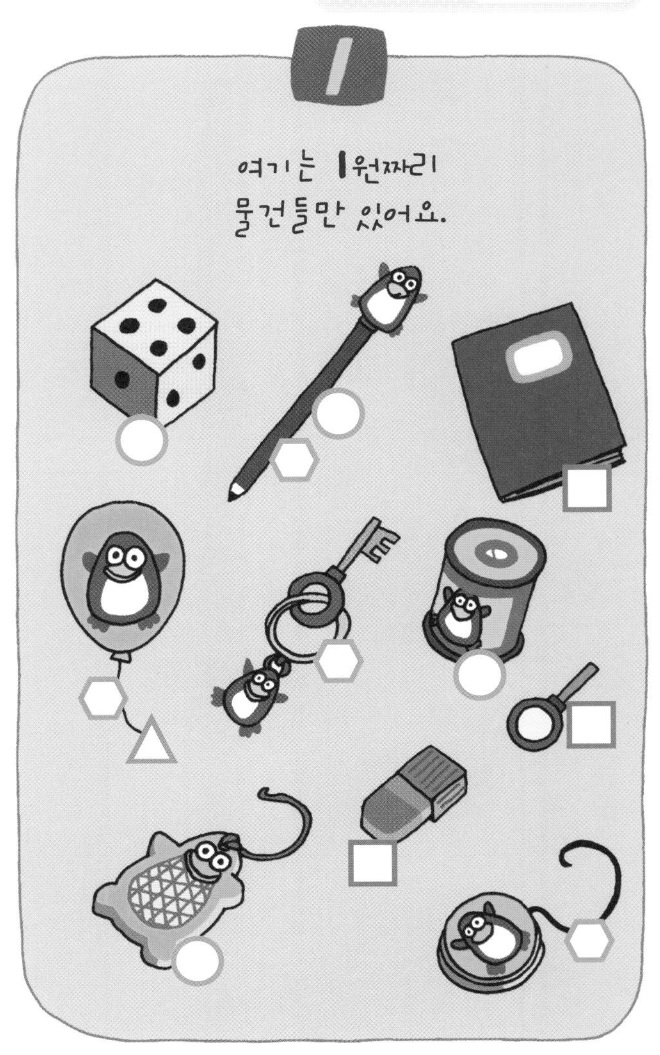


친구들이 어떤 물건들을 샀는지 모양을 보고 찾아보세요. 그 친구가 산 물건은 모두 얼마인가요?

태풍이 산 물건은 △로 표시했어요.

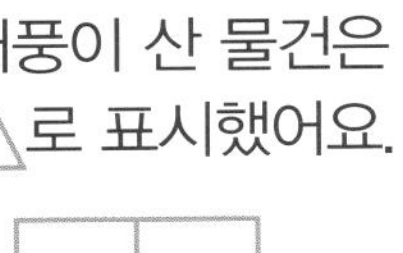

루루가 산 물건은 ○로 표시했어요.

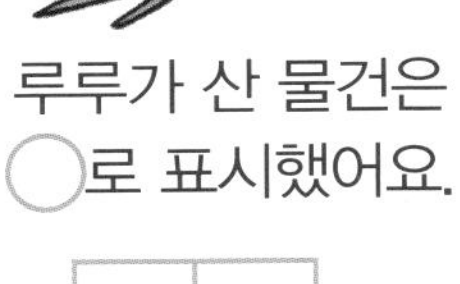

소리가 산 물건은 □로 표시했어요.

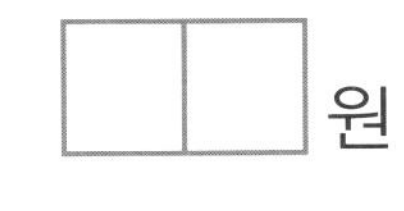

밍크가 산 물건은 ✸로 표시했어요.

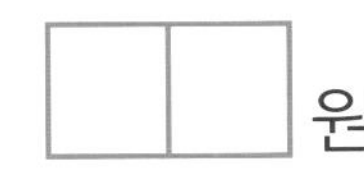

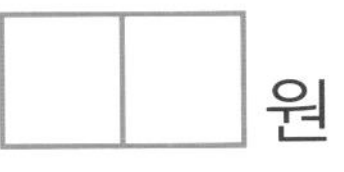

멍군이 산 물건은 ⬡로 표시했어요.

다음 덧셈과 뺄셈을 해 보세요. 자리판을 이용하면 쉽게 할 수 있어요.

| 십 | 일 |
| --- | --- |
| 3 | 6 |

**1.**
36 + 1 =
36 + 3 =
36 + 2 =
36 + 4 =
36 + 0 =

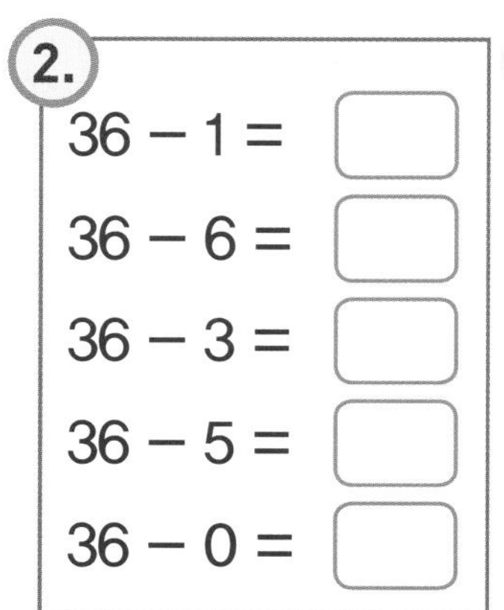

**2.**
36 − 1 =
36 − 6 =
36 − 3 =
36 − 5 =
36 − 0 =

**3.**
36 − 36 =
36 − 35 =
36 − 30 =
36 − 34 =
36 − 32 =

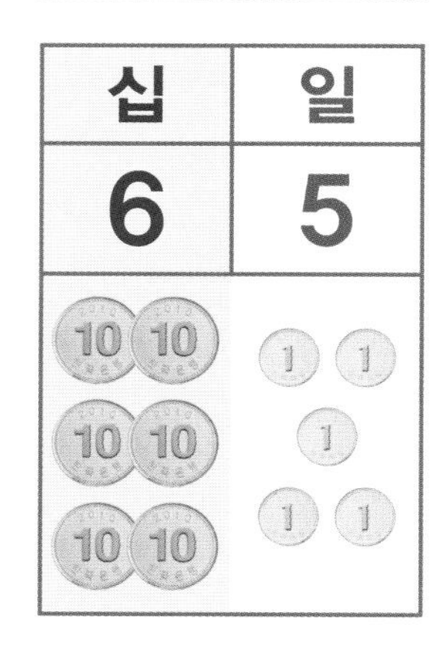

| 십 | 일 |
| --- | --- |
| 6 | 5 |

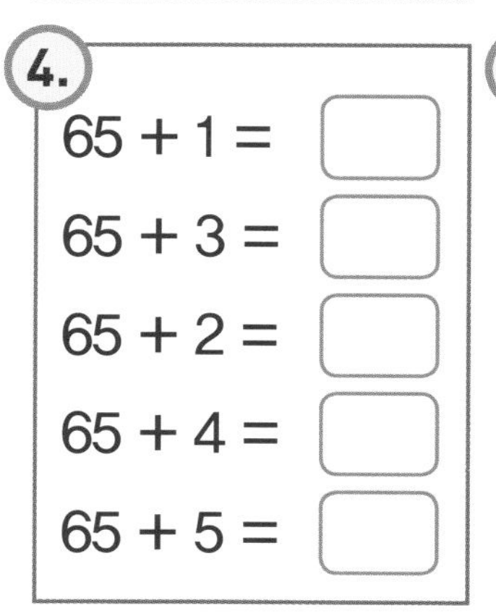

**4.**
65 + 1 =
65 + 3 =
65 + 2 =
65 + 4 =
65 + 5 =

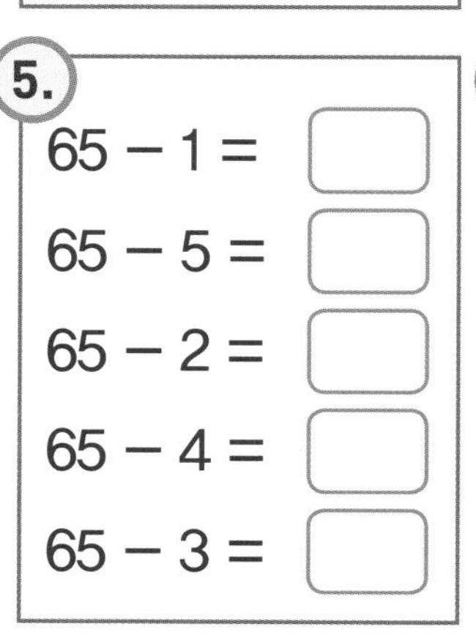

**5.**
65 − 1 =
65 − 5 =
65 − 2 =
65 − 4 =
65 − 3 =

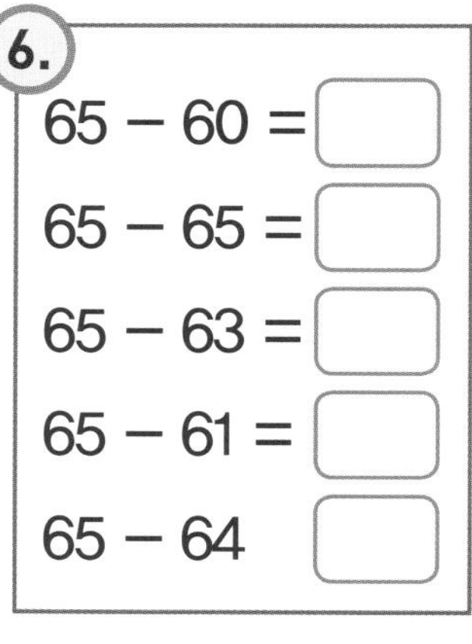

**6.**
65 − 60 =
65 − 65 =
65 − 63 =
65 − 61 =
65 − 64

앞의 수에 1씩 더해 보세요. 얼마인지 빈 칸에 써 보세요.

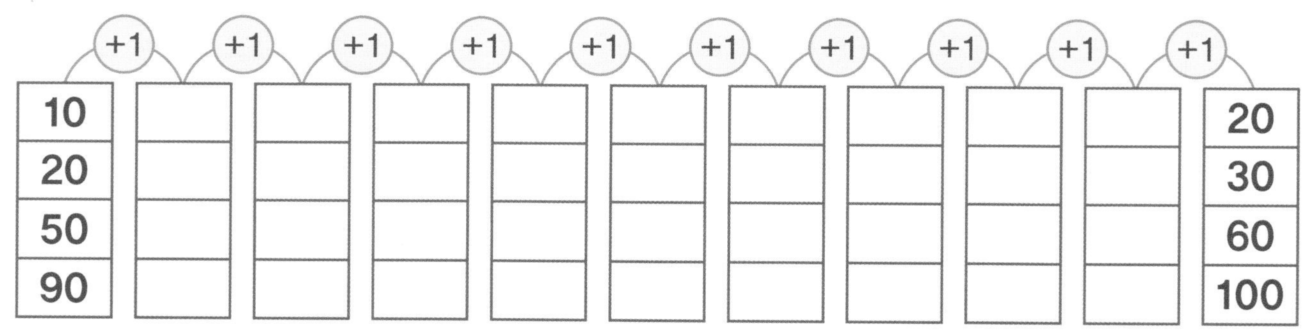


앞의 수에서 1씩 빼 보세요. 얼마인지 빈 칸에 써 보세요.

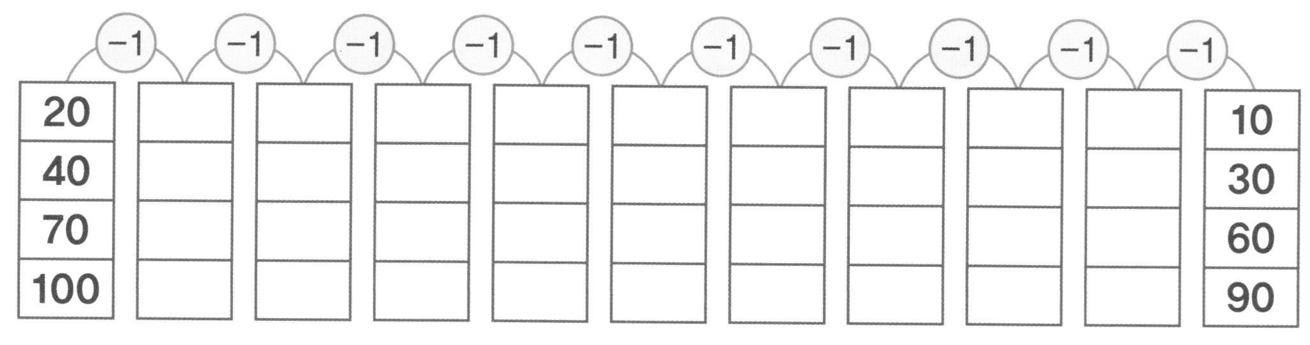

공부한 날 월 일

# 에멜리 선생님의 경매 시간

에멜리 선생님이 물건을 팔려고 해요. 가장 비싼 값을 부른 친구가 물건을 살 수 있지요? 누가 가장 비싼 값을 불렀나요? 찾아서 ○표 하세요. 그리고 가장 작은 금액부터 가장 큰 금액까지 차례대로 쓰세요.

다음 덧셈과 뺄셈을 해 보세요. 자리판도 이용해 보세요.

**1.**

$30 - 1 = \square$

$30 - 4 = \square$

$30 - 2 = \square$

$30 - 8 = \square$

$30 - 6 = \square$

**2.**

$30 - 29 = \square$

$30 - 25 = \square$

$30 - 27 = \square$

$30 - 24 = \square$

$30 - 21 = \square$

**3.**

$40 - 1 = \square$

$40 - 6 = \square$

$40 - 3 = \square$

$40 - 5 = \square$

$40 - 0 = \square$

**4.**

$40 - 39 = \square$

$40 - 36 = \square$

$40 - 33 = \square$

$40 - 38 = \square$

$40 - 35 = \square$

**5.**

$5 + 3 = \square$

$15 + 3 = \square$

$35 + 3 = \square$

$65 + 3 = \square$

$95 + 3 = \square$

**6.**

$6 + 4 = \square$

$26 + 4 = \square$

$46 + 4 = \square$

$76 + 4 = \square$

$96 + 4 = \square$

**7.**

$7 - 3 = \square$

$17 - 3 = \square$

$47 - 3 = \square$

$57 - 3 = \square$

$97 - 3 = \square$

**8.**

$10 - 5 = \square$

$30 - 5 = \square$

$50 - 5 = \square$

$80 - 5 = \square$

$100 - 5 = \square$

처음 수에서 ◯ 수만큼 순서대로 더하거나 빼서 □ 안에 쓰세요.

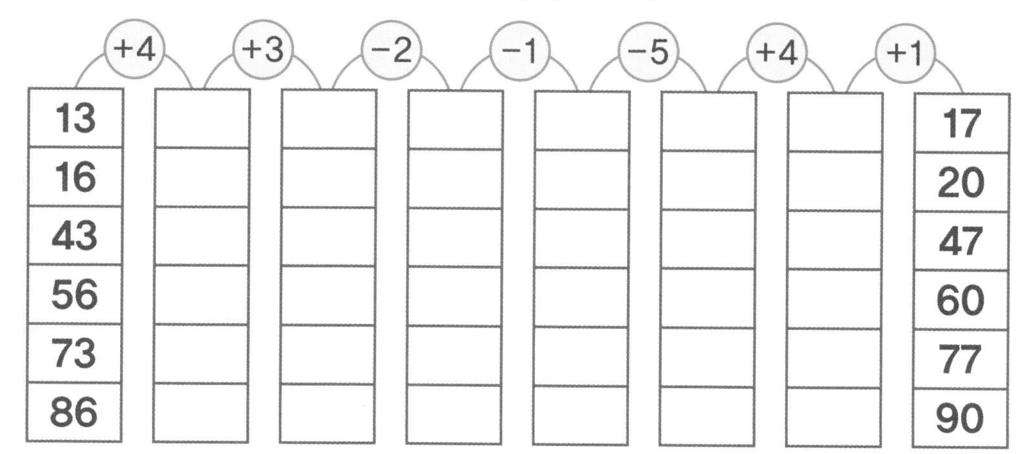




책 뒤에 있는 자리판을 이용해서 해 보세요. 쉽게 문제를 풀 수 있을 거예요.

## 2012년 3월

| 월 | 화 | 수 | 목 | 금 | 토 | 일 |
|---|---|---|---|---|---|---|
| | | | 1 | 2 | | |
| 5 | | | | | | |
| 12 | | | | | | |
| 19 | | | | | | |
| 26 | | | | | | |

2012년 3월 달력이에요. 날짜에 맞게 빈 칸에 숫자들을 쓰세요.

## 4월의 날씨

| 월 | 화 | 수 | 목 | 금 | 토 | 일 |
|---|---|---|---|---|---|---|
| | | | | | | 1 |
| 2 | | | | | | |
| 9 | | | | | | |
| 16 | | | | | | |
| 23 | | | | | | |

2012년 4월 날짜들을 달력에 순서에 맞게 쓰세요. 다음 날씨 표시가 몇 개 있나요?

## 5월의 기념일

| 월 | 화 | 수 | 목 | 금 | 토 | 일 |
|---|---|---|---|---|---|---|
| | 1 | 2 | | | 어린이 날 | 태풍의 생일 |
| 7 | 어버이의 날 | | | | | |
| 14 | | | | 숙자의 생일 | | |
| 장군의 생일 | | | | | | |
| 28 | | | 31 | | | |

2012년 5월 날짜들을 달력에 순서에 맞게 쓰세요.

어린이 날은 5월 ☐ 일이에요.

어버이의 날은 5월 ☐ 일이에요.

숙자의 생일은 5월 ☐ 일이에요.

태풍이의 생일은 5월 ☐ 일이에요.

장군의 생일은 5월 ☐ 일이에요.

달력에 가족의 생일, 집안의 행사가 있는 날 그리고 특별한 기념일을 표시해 보세요. 재미있는 수학 활동이 될 것입니다.

일주일에는 날이 7개가 있고 항상 월요일부터 시작해.
기억하기 힘들면 줄여서 외워봐 : 월-화-수-목-금-토-일

다음 덧셈과 뺄셈을 해 보세요. 자리판도 이용해 보세요.

| 십 | 일 |
| --- | --- |
| 4 | 5 |

**1.**

45 + 20 = ☐
45 + 23 = ☐
45 + 40 = ☐
45 + 42 = ☐
45 + 10 = ☐
45 + 14 = ☐

**2.**

45 − 20 = ☐
45 − 23 = ☐
45 − 40 = ☐
45 − 42 = ☐
45 − 10 = ☐
45 − 14 = ☐

| 십 | 일 |
| --- | --- |
| 6 | 4 |

**3.**

64 + 10 = ☐
64 + 11 = ☐
64 + 30 = ☐
64 + 35 = ☐
64 + 20 = ☐
64 + 23 = ☐

**4.**

64 − 20 = ☐
64 − 24 = ☐
64 − 60 = ☐
64 − 64 = ☐
64 − 30 = ☐
64 − 32 = ☐

처음 수에서 ◯ 수만큼 더하거나 빼 보세요.

|  | +2 | +20 | +4 | −3 | −30 | −1 | +4 |
| --- | --- | --- | --- | --- | --- | --- | --- |
| 14 |  |  |  |  |  |  | 10 |
| 28 |  |  |  |  |  |  | 24 |
| 34 |  |  |  |  |  |  | 30 |
| 48 |  |  |  |  |  |  | 44 |
| 54 |  |  |  |  |  |  | 50 |
| 68 |  |  |  |  |  |  | 64 |

공부한 날 월 일

친구들이 아래와 같은 설문 조사를 했어요. 어떤 결과가 나왔을까요?
선의 수를 세어서 □ 안에 쓰세요.

선으로 다섯 개씩 표기하면 계산하기가 쉬워.
책처럼 해도 되고, '正' 이렇게 해도 되지.

우리 나라 동전들이에요. 책 뒤에 동전 카드로 뒷면에는 어떤 그림이 있는지도 보세요.

500원 동전

100원 동전

50원 동전

10원 동전

5원 동전

1원 동전

돈이 얼마 있나요? 얼마인지를 □ 안에 쓰세요.

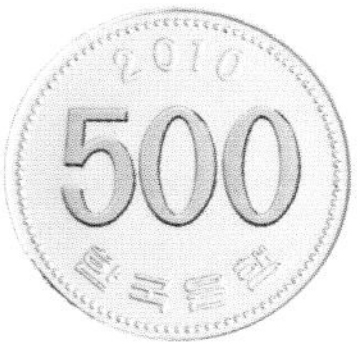

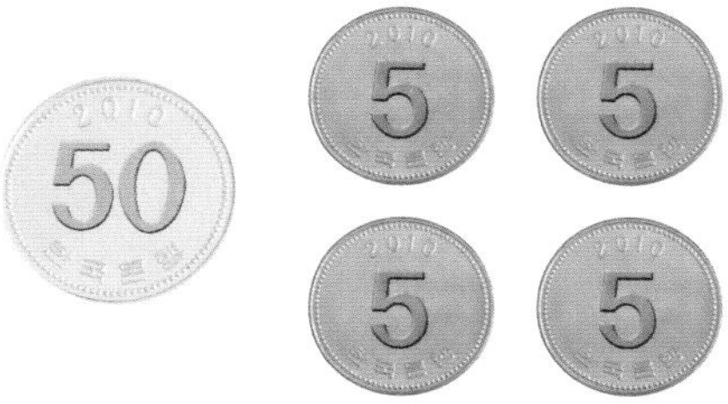

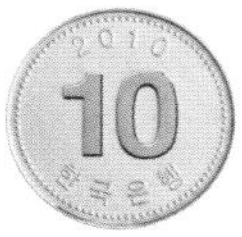

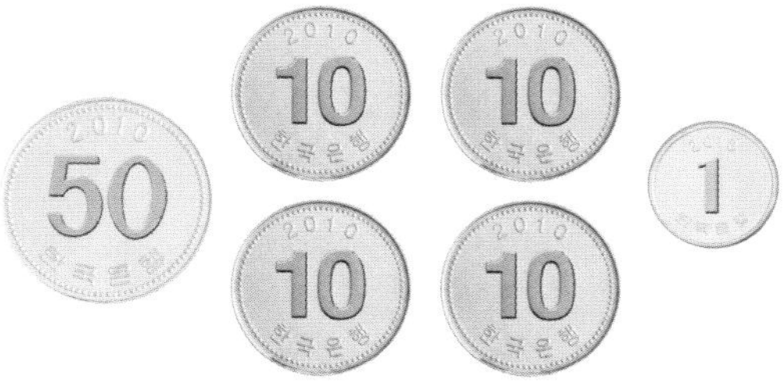

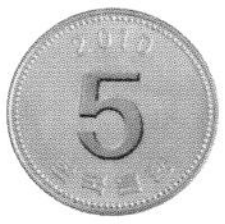

□원

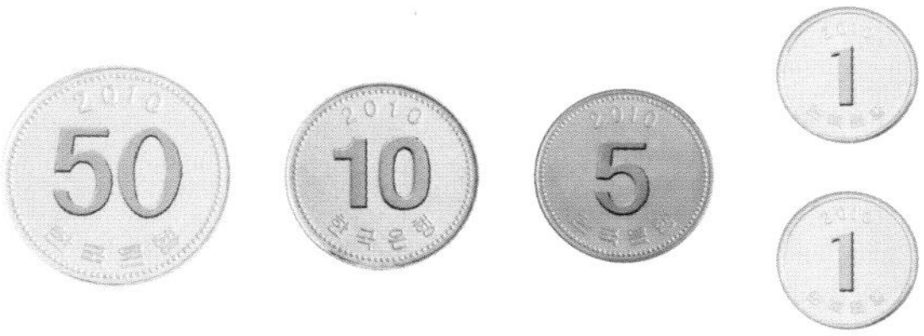

□원

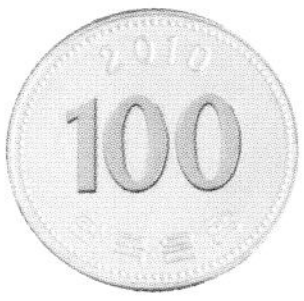

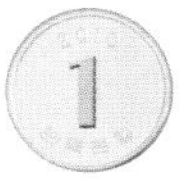

□원

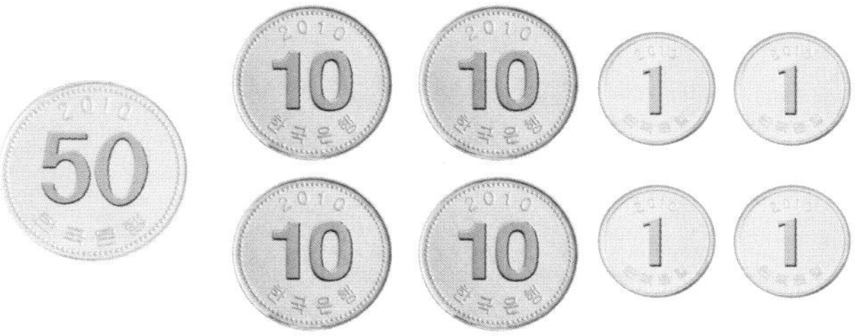

□원

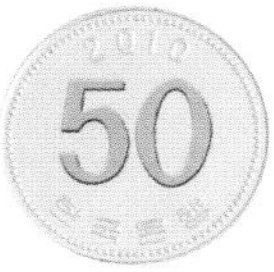

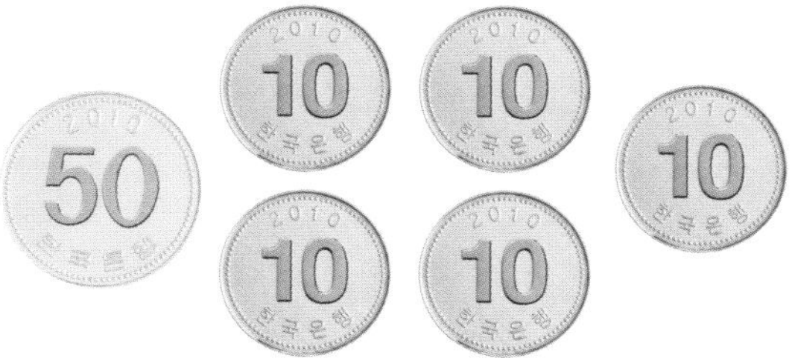

□원



50원은 10원 5개랑, 10원은 1원 10개랑 똑같아요. 알고 있죠?

공부한 날 월 일

다음 덧셈과 뺄셈을 해 보세요. 자리판도 활용해 보세요.

**1.**
20 + 5 = ☐
40 + 2 = ☐
80 + 9 = ☐
30 + 2 = ☐

**2.**
1 + 50 = ☐
8 + 30 = ☐
5 + 70 = ☐
3 + 90 = ☐

**3.**
54 − 4 = ☐
28 − 8 = ☐
35 − 5 = ☐
81 − 1 = ☐

**4.**
24 − 20 = ☐
62 − 60 = ☐
39 − 30 = ☐
97 − 90 = ☐

**5.**
32 + 3 = ☐
47 + 2 = ☐
71 + 6 = ☐
24 + 4 = ☐

**6.**
3 + 22 = ☐
1 + 94 = ☐
7 + 52 = ☐
6 + 31 = ☐

**7.**
45 − 3 = ☐
68 − 2 = ☐
29 − 5 = ☐
77 − 4 = ☐

**8.**
26 − 25 = ☐
57 − 52 = ☐
79 − 71 = ☐
48 − 44 = ☐

**9.**
38 + 2 = ☐
57 + 3 = ☐
24 + 6 = ☐
75 + 5 = ☐

**10.**
1 + 49 = ☐
3 + 67 = ☐
2 + 28 = ☐
5 + 95 = ☐

**11.**
20 − 1 = ☐
60 − 3 = ☐
30 − 8 = ☐
70 − 4 = ☐

**12.**
40 − 38 = ☐
90 − 85 = ☐
20 − 16 = ☐
100 − 99 = ☐

**13.**
30 + 20 = ☐
50 + 40 = ☐
40 + 30 = ☐
60 + 20 = ☐

**14.**
75 + 20 = ☐
38 + 10 = ☐
43 + 40 = ☐
16 + 60 = ☐

**15.**
70 − 30 = ☐
80 − 50 = ☐
60 − 20 = ☐
90 − 60 = ☐

**16.**
85 − 10 = ☐
43 − 30 = ☐
59 − 20 = ☐
97 − 80 = ☐

여우 선생님의 말 잘 기억하고 있지?
'달인이 되려면 열심히 연습할 수밖에 없다.'

# 100원

1원, 5원, 10원, 50원 동전이에요.

100원은 1원이 100개가 있는 거예요.

◎ 동전만큼 더 더해 보세요.

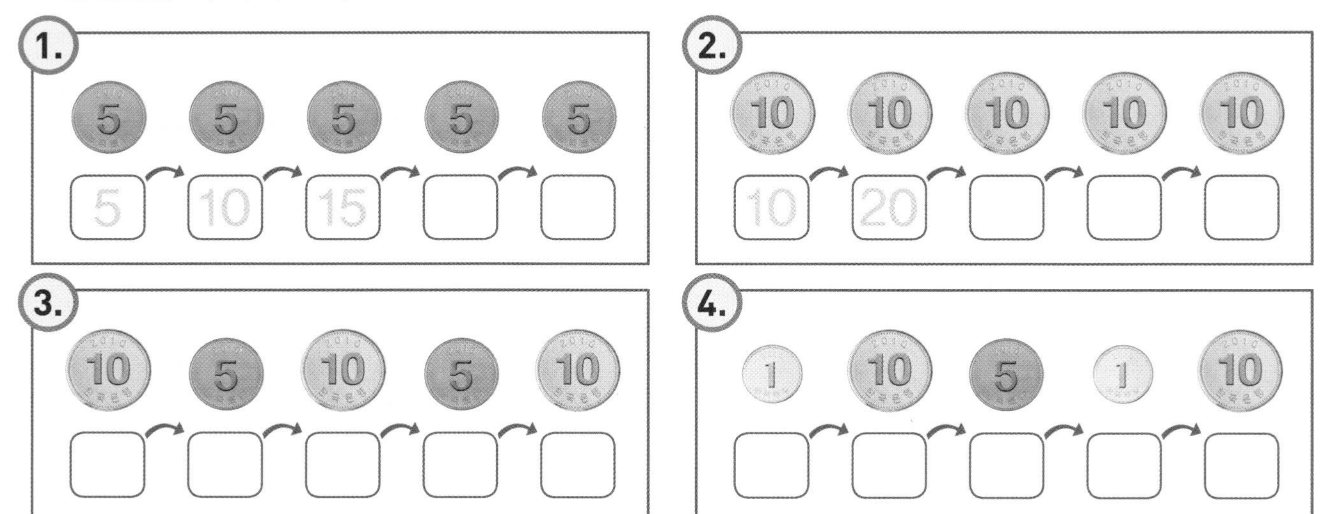

◎ 100원이 있는 것은 어느 것인가요? 찾아서 ○표를 하세요.

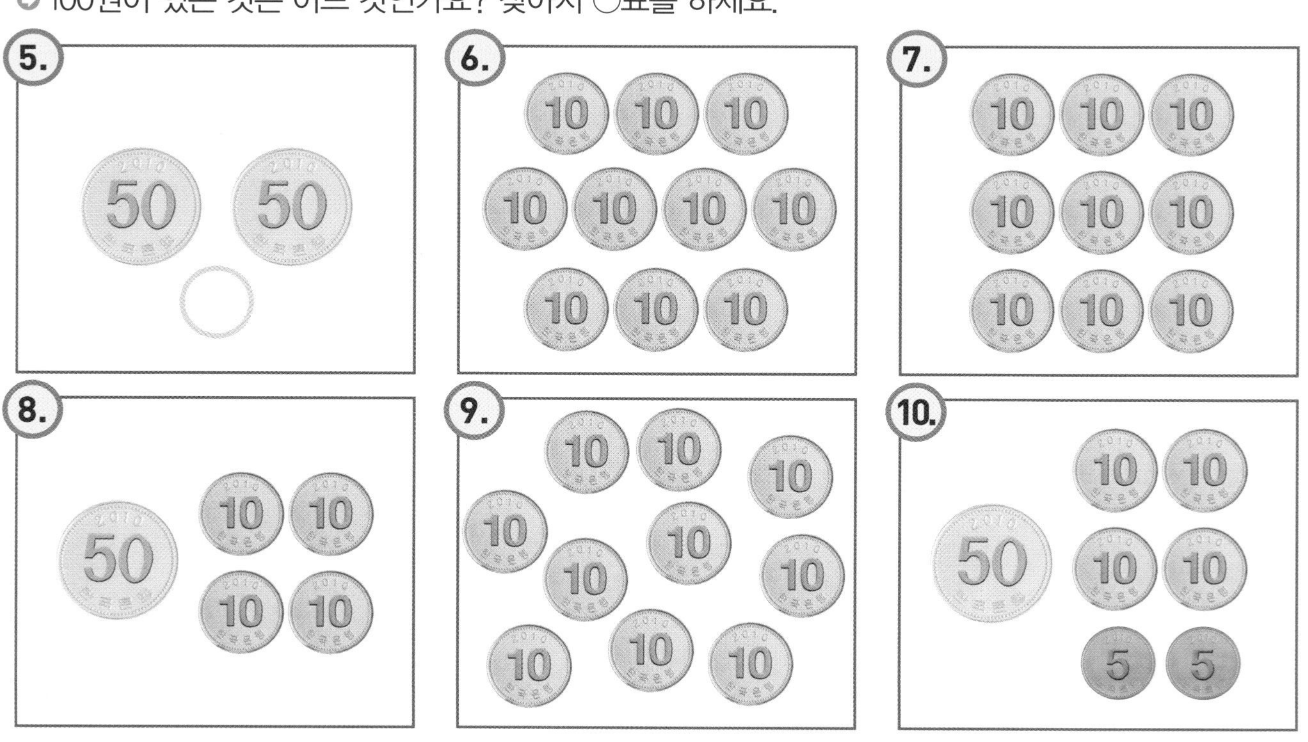

친구들이 사탕을 얼만큼 샀는지, 계산해 보세요.

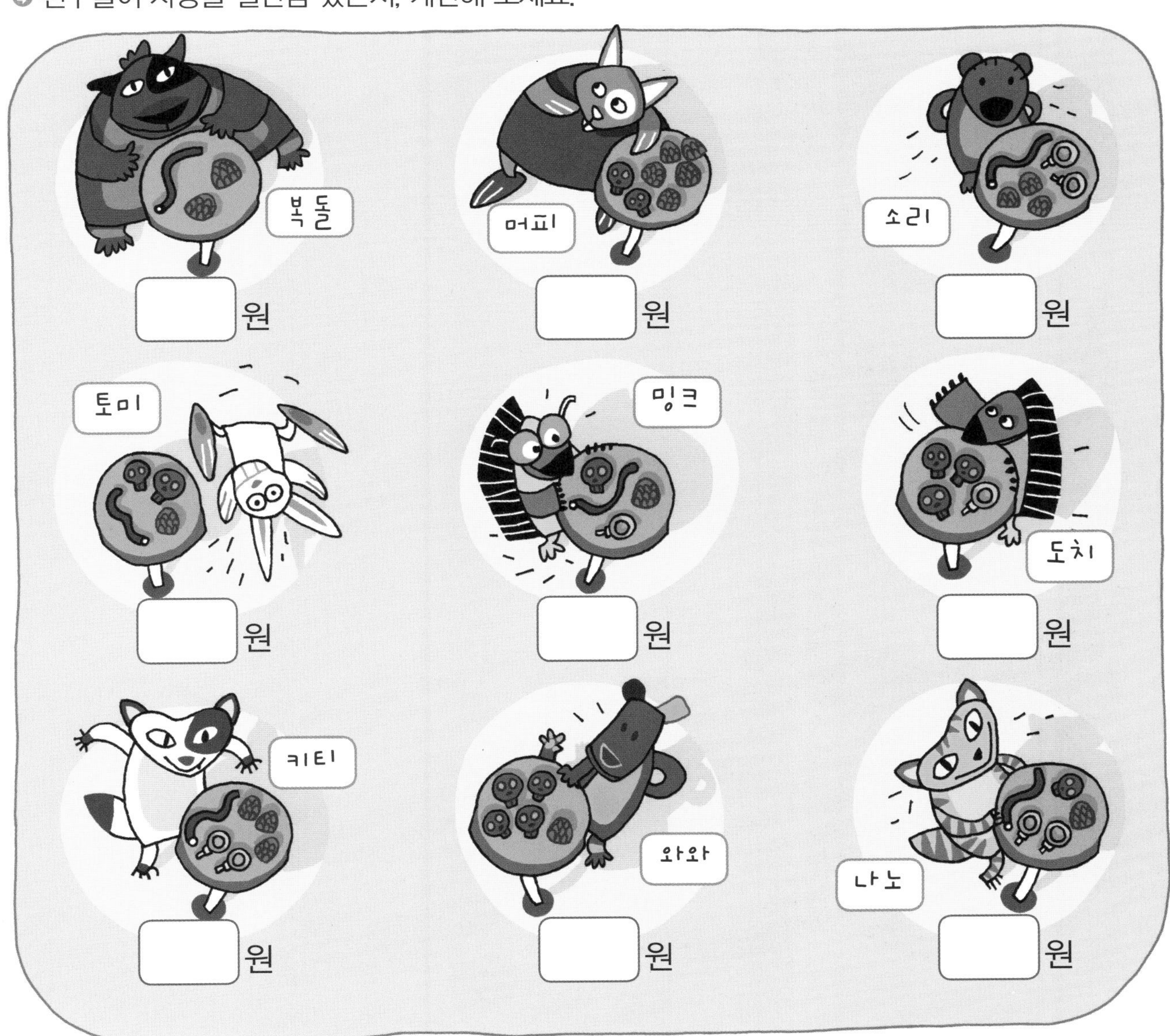


100원은 1원이 100개지. 1원이라도 모자르면 절대 100원이 아니야.

# 100원을 모아요.

*놀이법*

준비물: 주사위, 말 (혹은 말로 쓸 수 있는 동전 따위),
1원부터 100원까지 동전(동전 카드를 이용하세요.)

100원을 모으는 놀이입니다.
둘 혹은 여럿이 함께 하면 더 재미있습니다.
주사위를 던져서 나온 수만큼 앞 칸으로 갑니다.
칸 안에 있는 동전을 모읍니다.
주사위를 던지면서 계속 동전을 모으세요.
먼저 100원을 모으는 쪽이 이깁니다.

출발
우체국

함께 놀이를 해요 – 개수 맞추기와 분류하기

## 에멜리 선생님의 개수 맞추기 게임

◎ 누구 답이 정답에 가장 가깝나요? 찾아서 ○표를 하세요.

1. 통 안에 1원짜리 동전이 몇 개 있을까요?

2. 봉지 안에 초콜릿이 몇 개 있을까요?

3. 클립이 몇 개 있을까요?

4. 상자 안에 압정이 몇 개 있을까요?

뇌체조 4 – 어림해서 찾아보기 벼룩시장을 열었어요.

물건 3가지를 샀어요. 더한 물건 값을 보고, 친구가 산 물건들을 모두 찾아 ○표를 하세요.

## 배운 걸 다시 확인해 봐요.

공부한 날 월 일

**1.** 순서에 맞게 빈 칸에 알맞은 수를 쓰세요.

| 36 | 37 | |
|---|---|---|

| 49 | 50 | |
|---|---|---|

| | 70 | 71 |
|---|---|---|

| 89 | | 91 |
|---|---|---|

**2.** 두 수를 비교해서 □ 안에 >, <, =를 넣으세요.

27 □ 23   80 □ 90   14 □ 40   76 □ 67

다음 덧셈과 뺄셈을 해 보세요.

**3.**

$60 + 20 = \square$

$23 + 7 = \square$

$74 + 20 = \square$

$41 + 17 = \square$

**4.**

$59 - 7 = \square$

$38 - 5 = \square$

$80 - 30 = \square$

$66 - 10 = \square$

**5.**

$49 - 47 = \square$

$38 - 35 = \square$

$82 - 52 = \square$

$75 - 43 = \square$

물건 값을 보고, 두 물건 값의 차이를 □ 안에 쓰세요.

**6.**

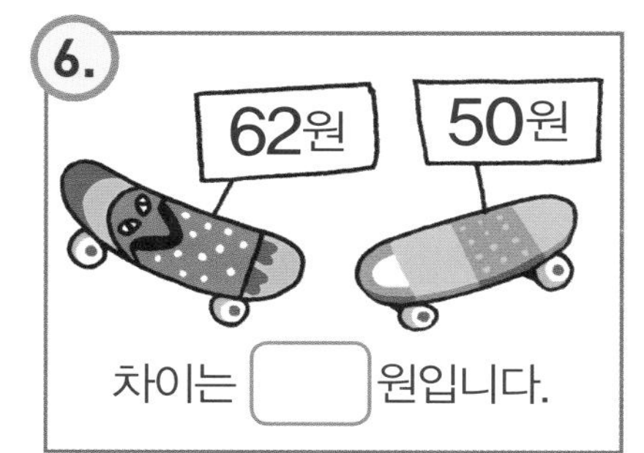


차이는 □ 원입니다.

**7.**

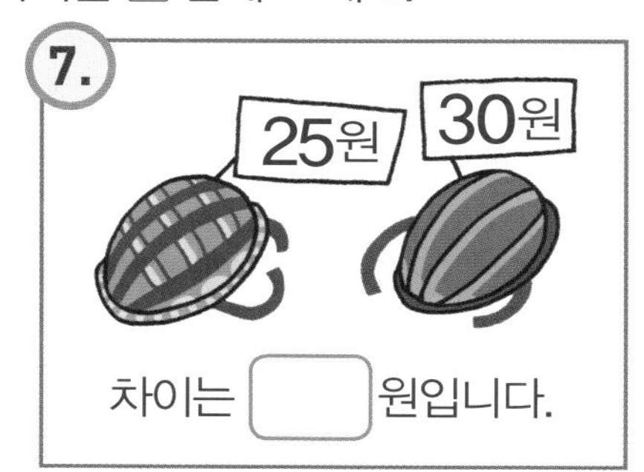


차이는 □ 원입니다.

**8.**

차이는 □ 원입니다.

가진 돈으로 물건을 사고 나면, 얼마가 남을까요? □ 안에 남은 액수를 쓰세요.

| | 가지고 있는 돈 | 살 물건 | 이만큼 남았어요 |
|---|---|---|---|
| **9.** | 50 | 35원, 10원 | □ 원 |
| **10.** | 50, 10, 10, 5, 5 | 25원, 50원 | □ 원 |

지금까지 재미있게 잘했나요? 지금 내 기분과 같은 복돌이의 얼굴에 ○표 하세요.

# 3 측정의 기본 원리와 도형의 분류

- 측정의 기본 원리 알기
- 길이, 무게와 부피
- 평면 도형과 입체 도형 분류해 보기
- 문제 해결력 키우기

측정이라는 말 처음 듣지 않니? 우리 주변에 있는 여러 물건들의 모양을 잘 살펴보고 재 보는 거야. 기하학의 기초가 되기도 해.

# 입체 도형

여러 가지 입체 도형이 있는데, 몇 가지만 살펴보자.

기둥 모양을 가진 물건을 찾아서 □표 하세요.
뿔 모양을 가진 물건을 찾아서 △하세요.

기둥 모양을 찾아서, 파란색으로 칠하세요.
뿔 모양을 찾아서, 빨간색으로 칠하세요.

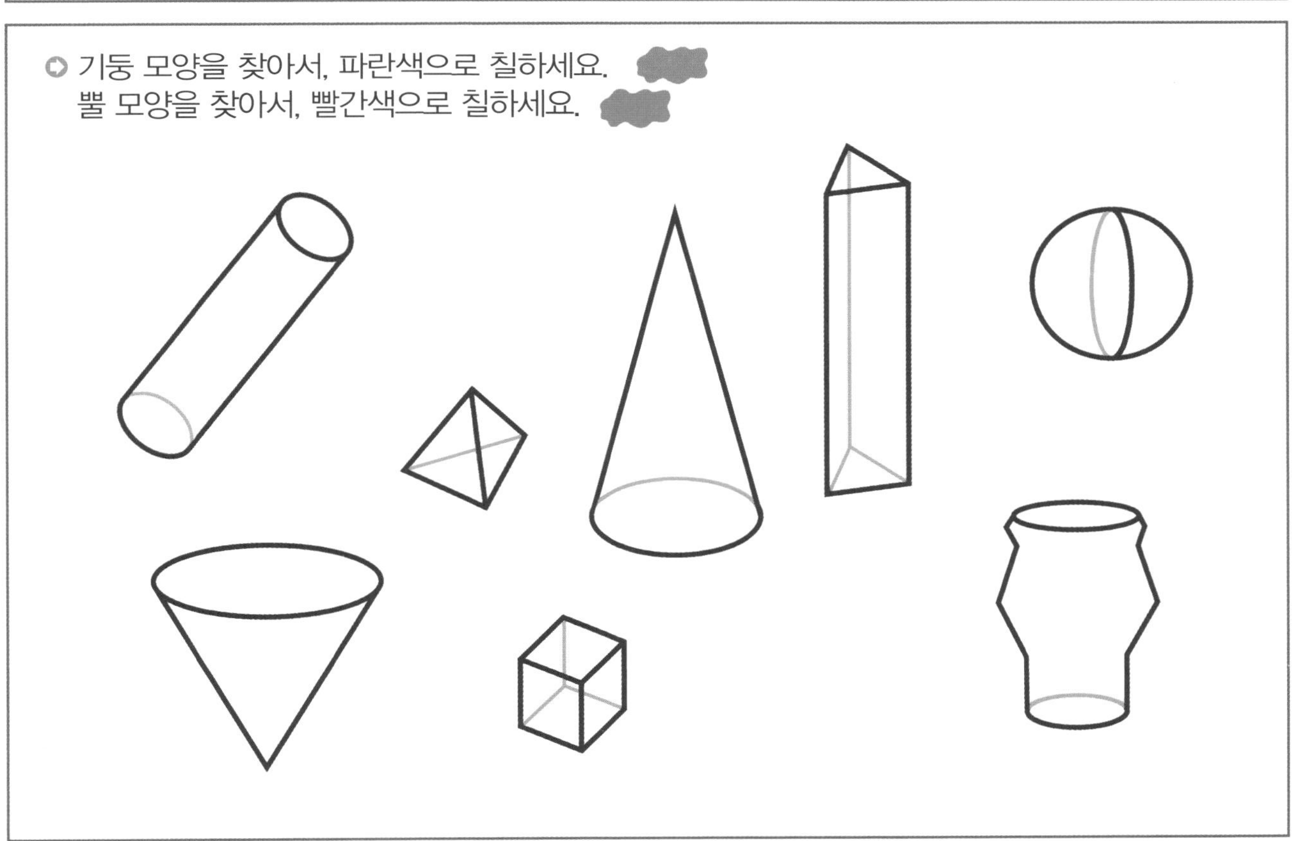

다음 입체 도형의 바닥을 따라 그리면, 어떤 모양이 될까요? 찾아서 ○표 하세요.

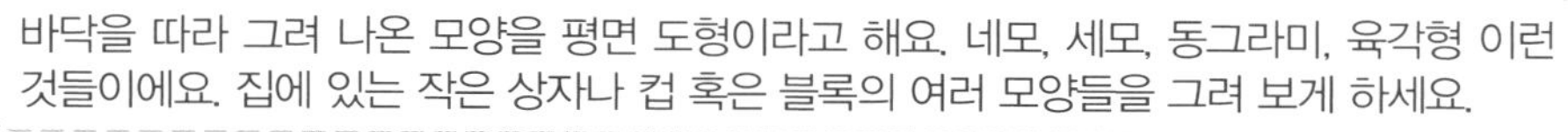
바닥을 따라 그려 나온 모양을 평면 도형이라고 해요. 네모, 세모, 동그라미, 육각형 이런 것들이에요. 집에 있는 작은 상자나 컵 혹은 블록의 여러 모양들을 그려 보게 하세요.

# 기둥 모양을 펼치면 어떤 모양일까요?

다음 입체도형을 펼치면 어떤 모양이 될까요? 찾아서 선으로 이어보세요.

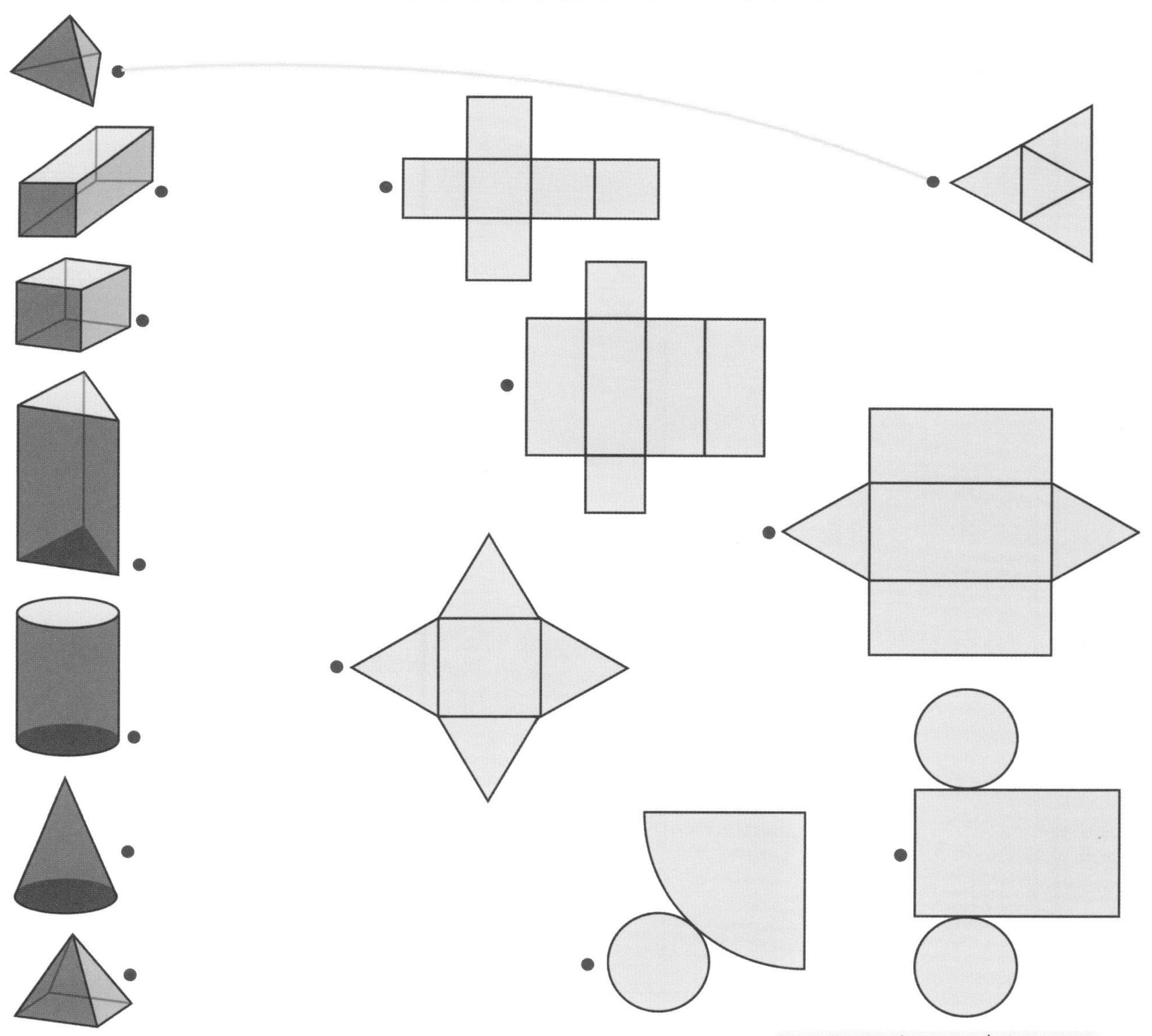

# 평면 도형

○ 그룹에 속하지 않아야 할 모양을 찾아서 ×표 하세요.

동그라미, 세모, 평면 도형 여러 가지가 있네. 똑같은지 다른지 잘 살펴봐.

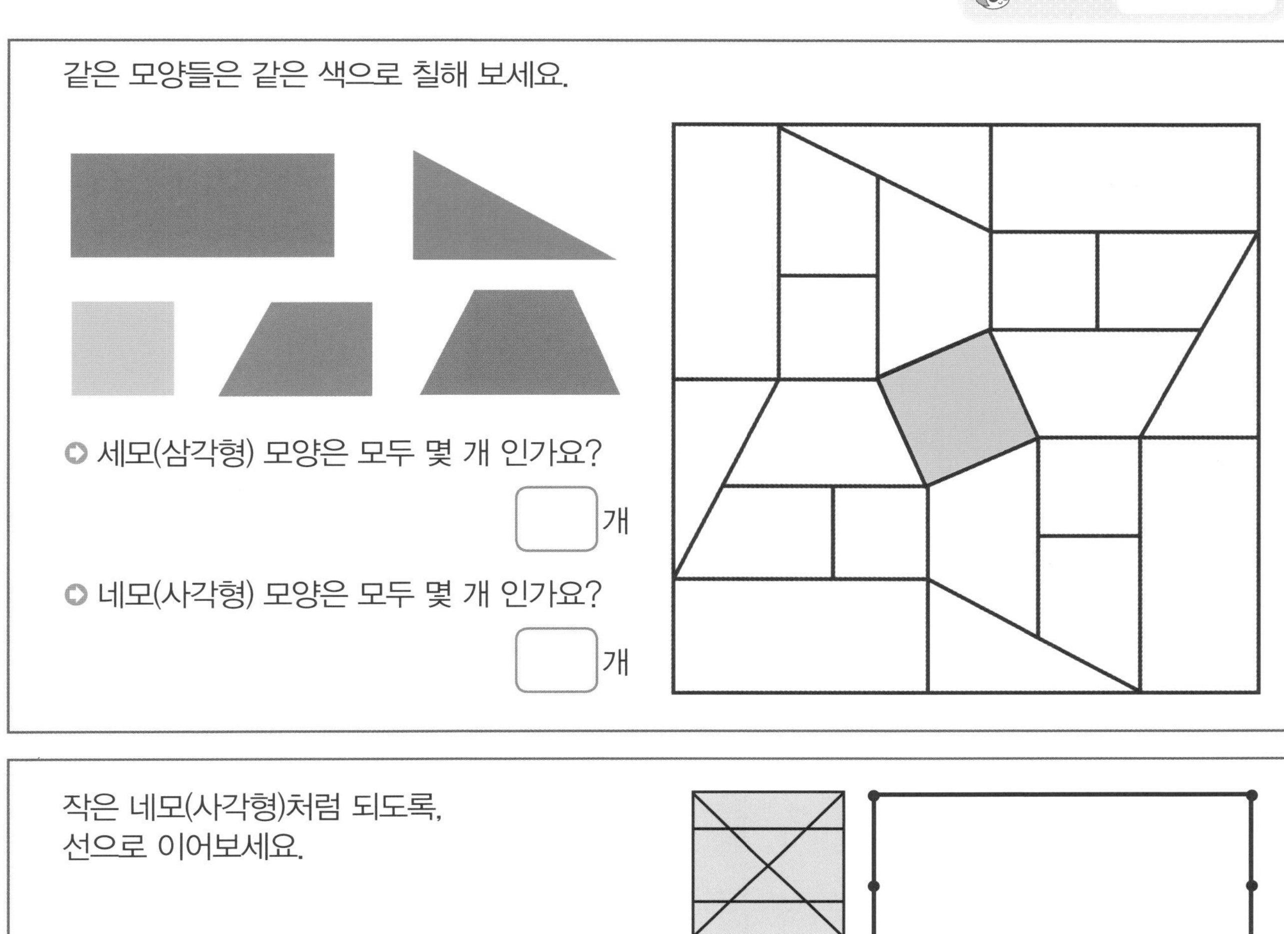

같은 모양들은 같은 색으로 칠해 보세요.

➲ 세모(삼각형) 모양은 모두 몇 개 인가요?

☐ 개

➲ 네모(사각형) 모양은 모두 몇 개 인가요?

☐ 개

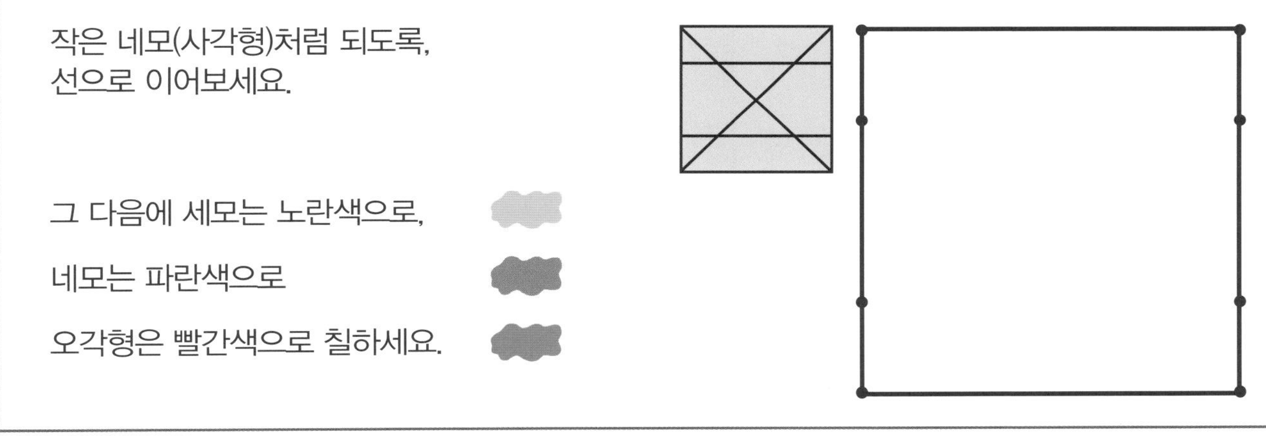

작은 네모(사각형)처럼 되도록,
선으로 이어보세요.

그 다음에 세모는 노란색으로,

네모는 파란색으로

오각형은 빨간색으로 칠하세요.

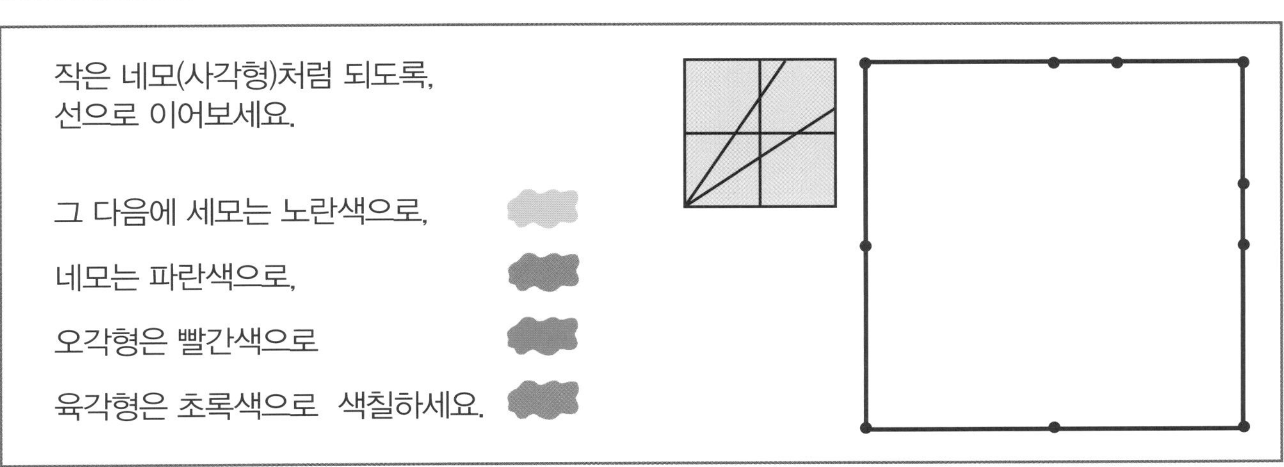

작은 네모(사각형)처럼 되도록,
선으로 이어보세요.

그 다음에 세모는 노란색으로,

네모는 파란색으로,

오각형은 빨간색으로

육각형은 초록색으로 색칠하세요.

선을 이을 때 자를 이용해 보세요.
그럼 비뚤지 않게 잘 이을 수 있답니다.

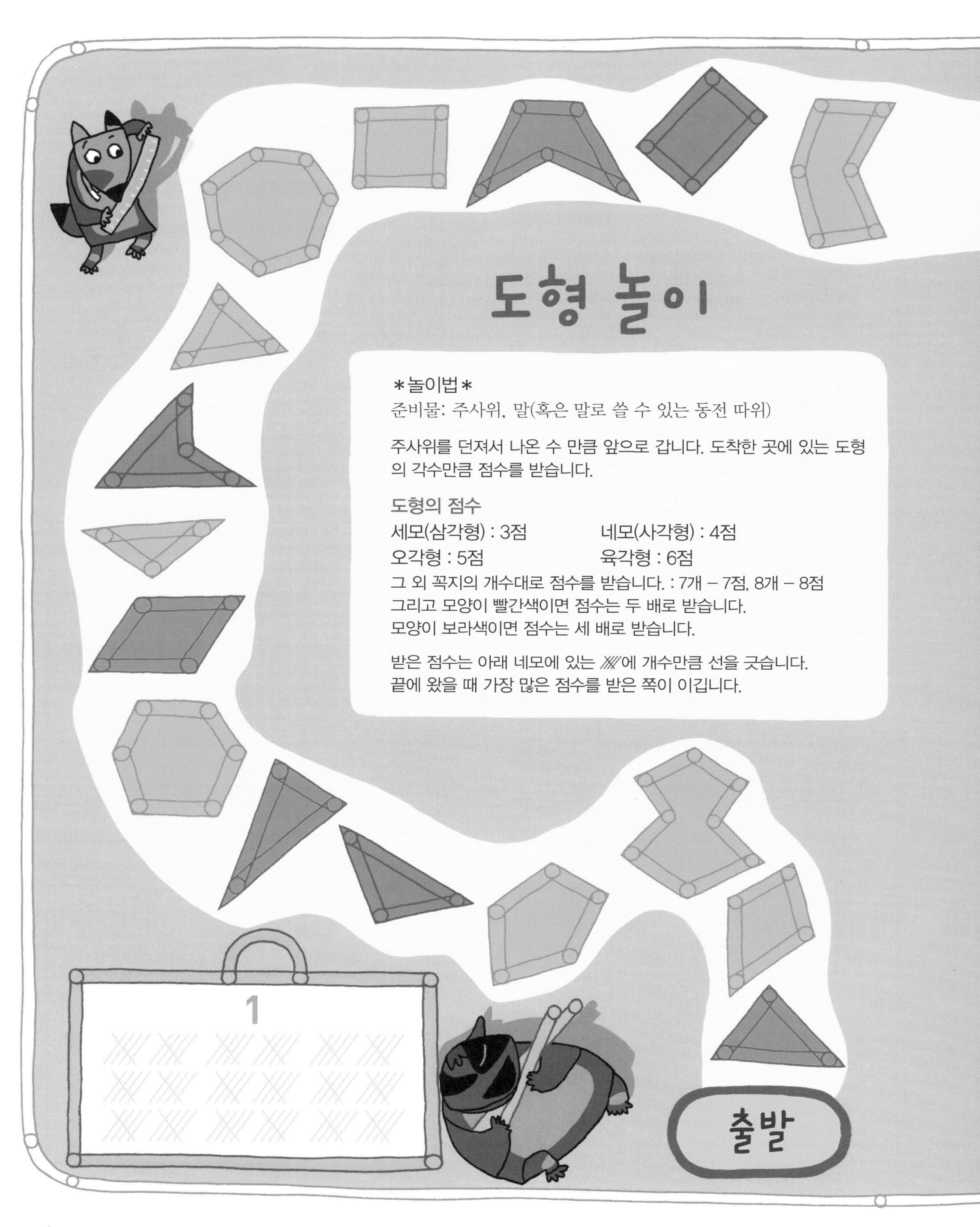

도형 놀이
*놀이법*
준비물: 주사위, 말(혹은 말로 쓸 수 있는 동전 따위)
주사위를 던져서 나온 수 만큼 앞으로 갑니다. 도착한 곳에 있는 도형의 각수만큼 점수를 받습니다.
도형의 점수
세모(삼각형) : 3점
네모(사각형) : 4점
오각형 : 5점
육각형 : 6점
그 외 꼭지의 개수대로 점수를 받습니다. : 7개 – 7점, 8개 – 8점
그리고 모양이 빨간색이면 점수는 두 배로 받습니다.
모양이 보라색이면 점수는 세 배로 받습니다.
받은 점수는 아래 네모에 있는 ////에 개수만큼 선을 긋습니다.
끝에 왔을 때 가장 많은 점수를 받은 쪽이 이깁니다.
1
출발

게임
!
2
끝

# 길이

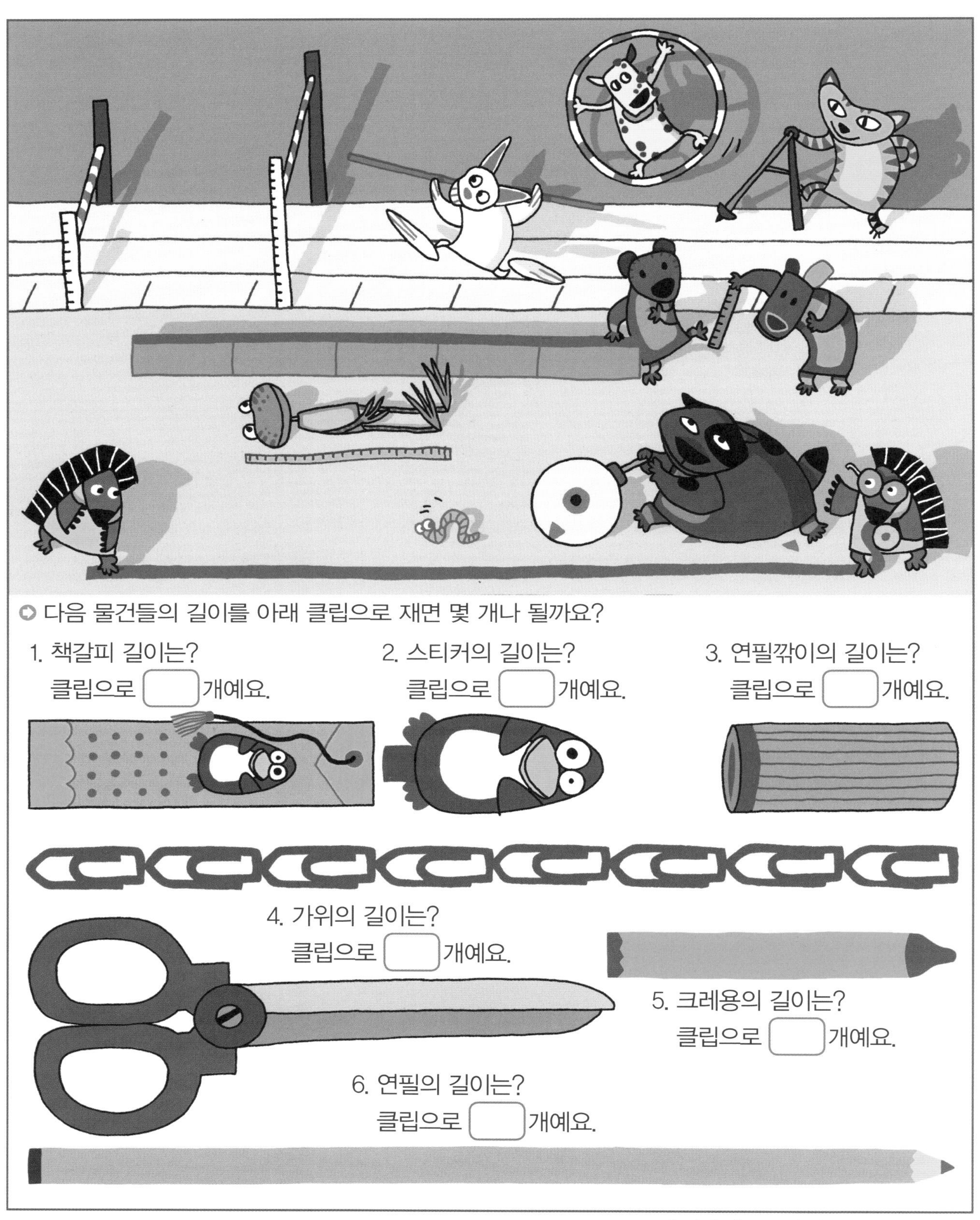

다음 물건들의 길이를 아래 클립으로 재면 몇 개나 될까요?

1. 책갈피 길이는?
   클립으로 ☐ 개예요.

2. 스티커의 길이는?
   클립으로 ☐ 개예요.

3. 연필깎이의 길이는?
   클립으로 ☐ 개예요.

4. 가위의 길이는?
   클립으로 ☐ 개예요.

5. 크레용의 길이는?
   클립으로 ☐ 개예요.

6. 연필의 길이는?
   클립으로 ☐ 개예요.

* 책 뒤에 있는 클립 자를 이용해 보세요.

길이는 걸음으로도 잴 수도 있고, 그림에 있는 클립으로도 잴 수 있어요.

# 센티미터 cm

연필의 길이는 몇 센티미터인가요?

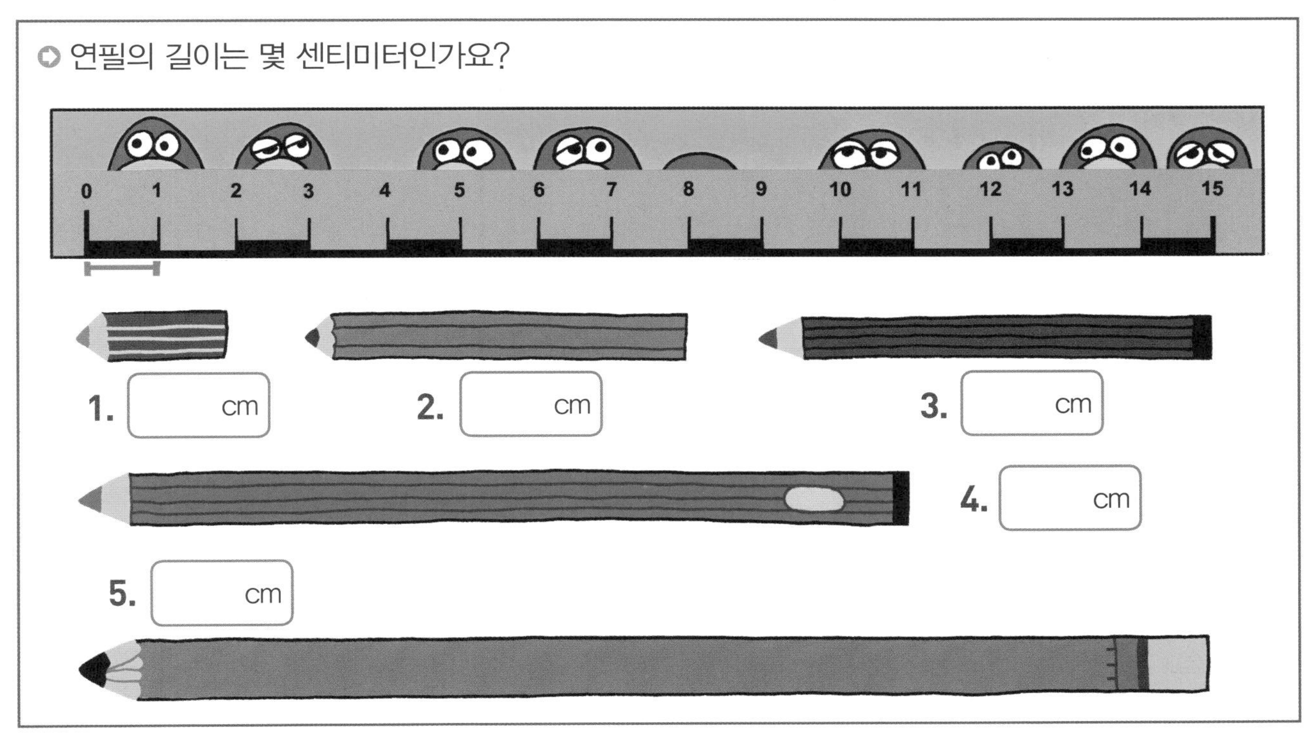


자를 이용해서 아래 연필들의 길이를 재 보세요.

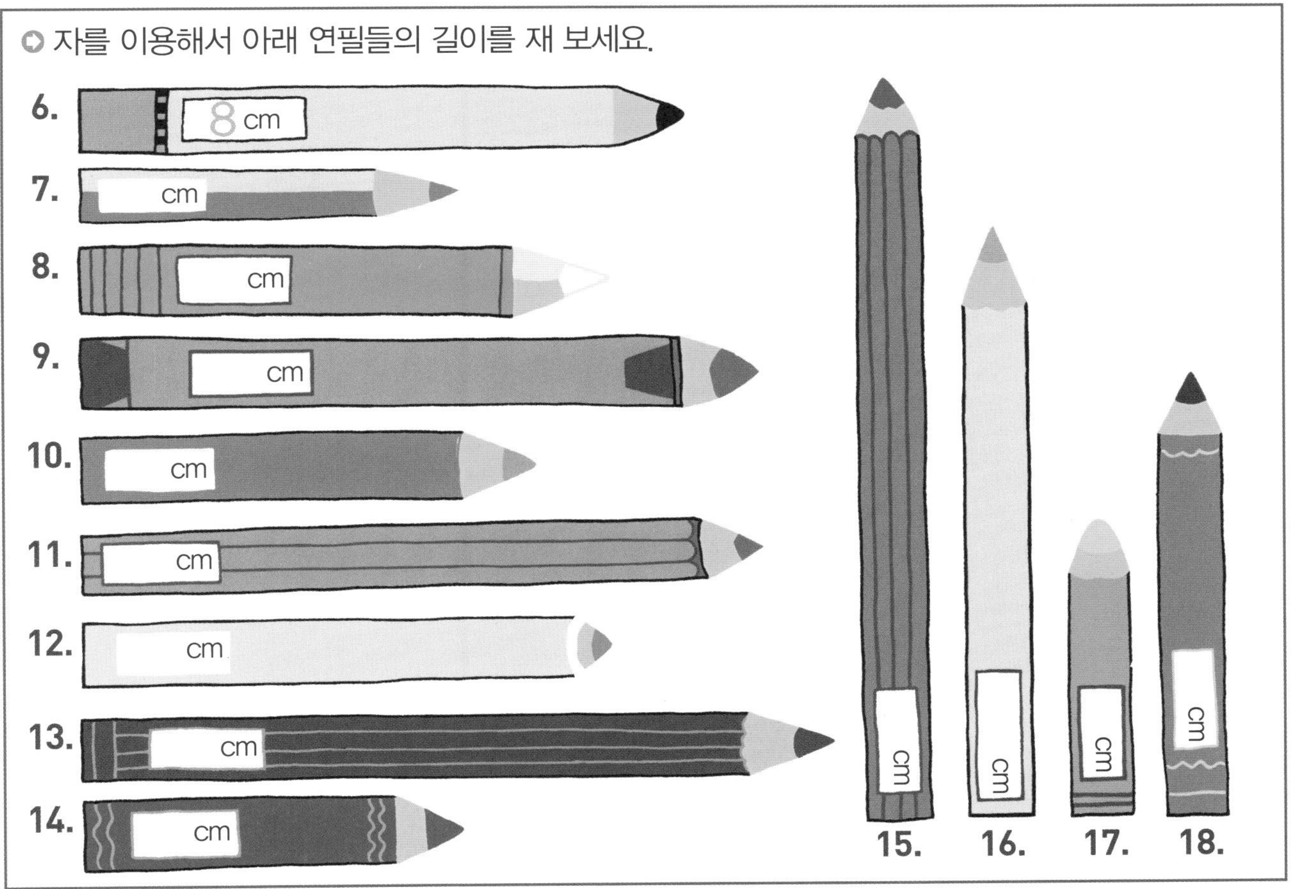


* 책 뒤에 있는 종이 자를 이용해 보세요.

# 높이와 폭

위 그림에서 다음 그림의 길이를 종이자로 재 보세요.

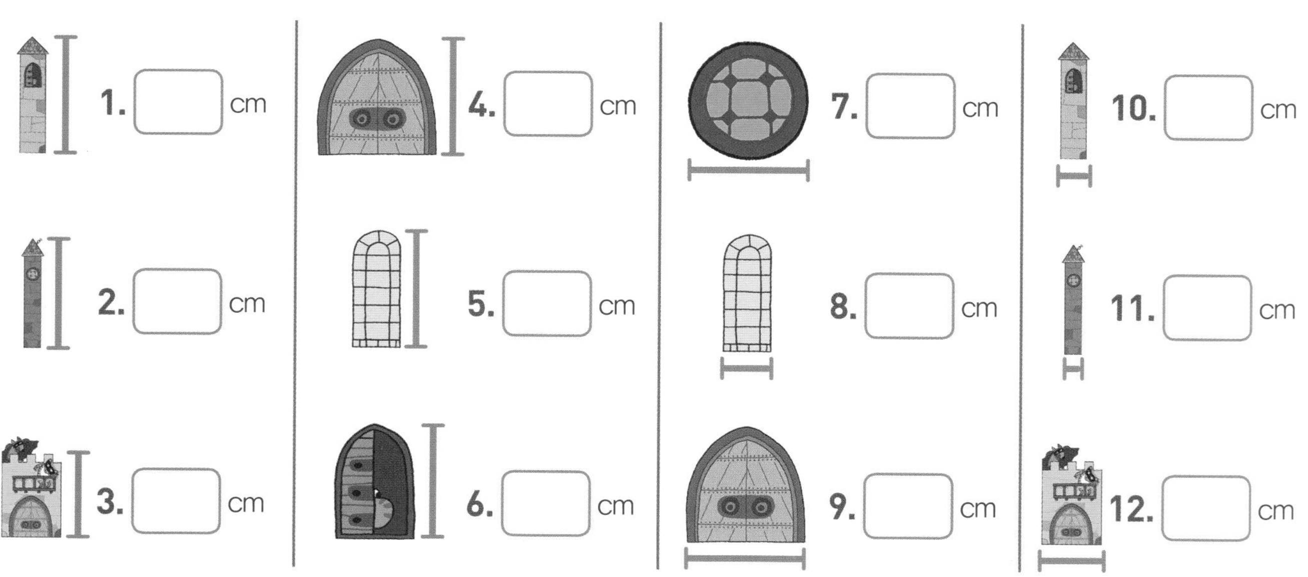


* 책 뒤에 있는 종이 자를 이용해 보세요.

공부한 날　　월　　일

선의 길이를 재 보세요. 꺽어진 선의 길이를 어떻게 재면 좋을까요?
길이를 잰 다음, 가장 긴 선에 ○표를 하세요.
가장 짧은 선에 ×표 하세요.

달팽이들은 가다가 왼쪽으로 가기도 하고, 오른쪽으로 가기도 해.
그때자를 돌려서 다시 재어서 더해 보면 총 길이를 알 수 있어.

## 미터 (m)

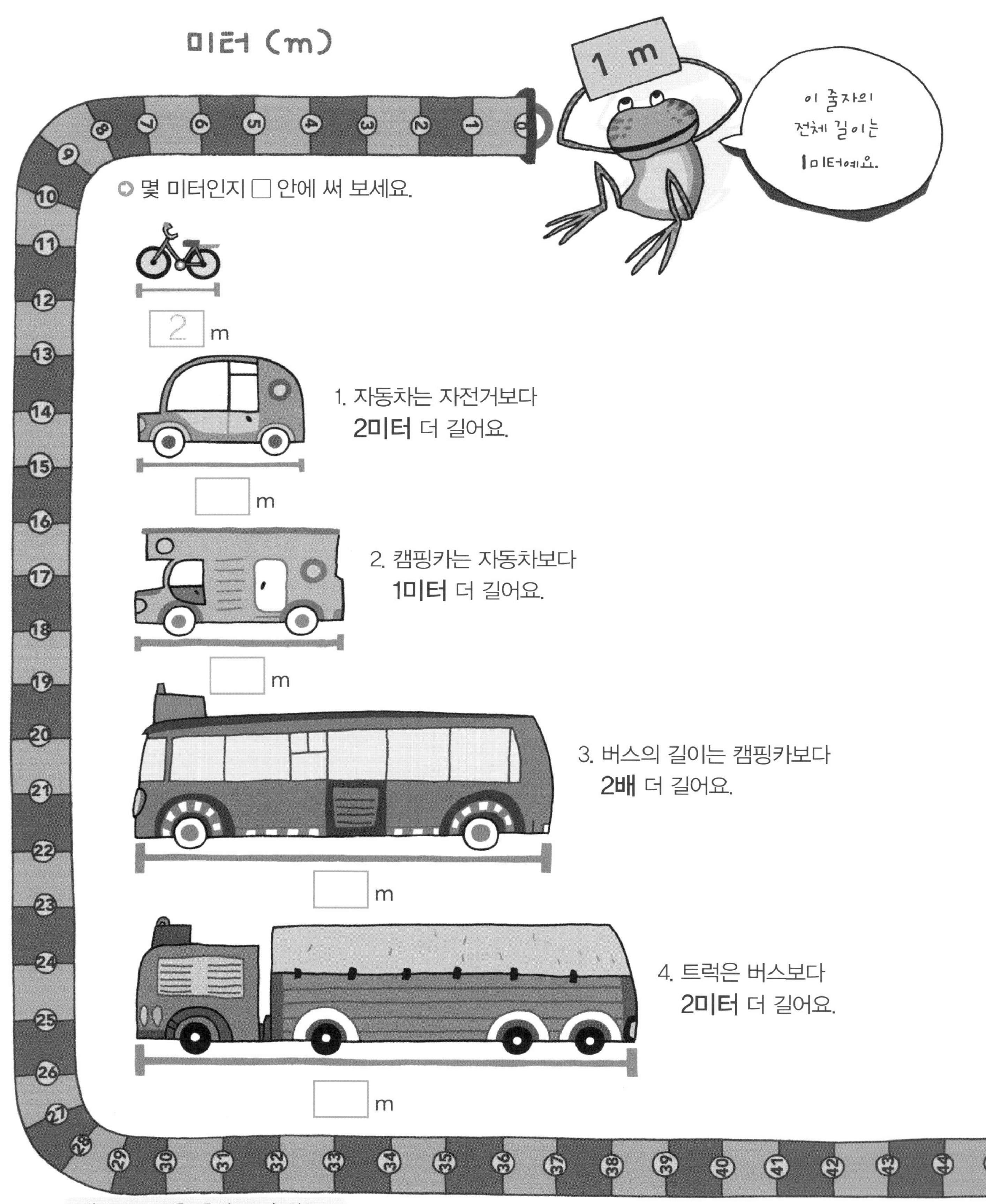


➲ 몇 미터인지 □ 안에 써 보세요.

[2] m

1. 자동차는 자전거보다
   **2미터** 더 길어요.

   [ ] m

2. 캠핑카는 자동차보다
   **1미터** 더 길어요.

   [ ] m

3. 버스의 길이는 캠핑카보다
   **2배** 더 길어요.

   [ ] m

4. 트럭은 버스보다
   **2미터** 더 길어요.

   [ ] m

밖에 나가서 성큼성큼 걸어봐. 한 걸음이
1미터면 줄자가 없어도 무엇이든 잴 수 있어.

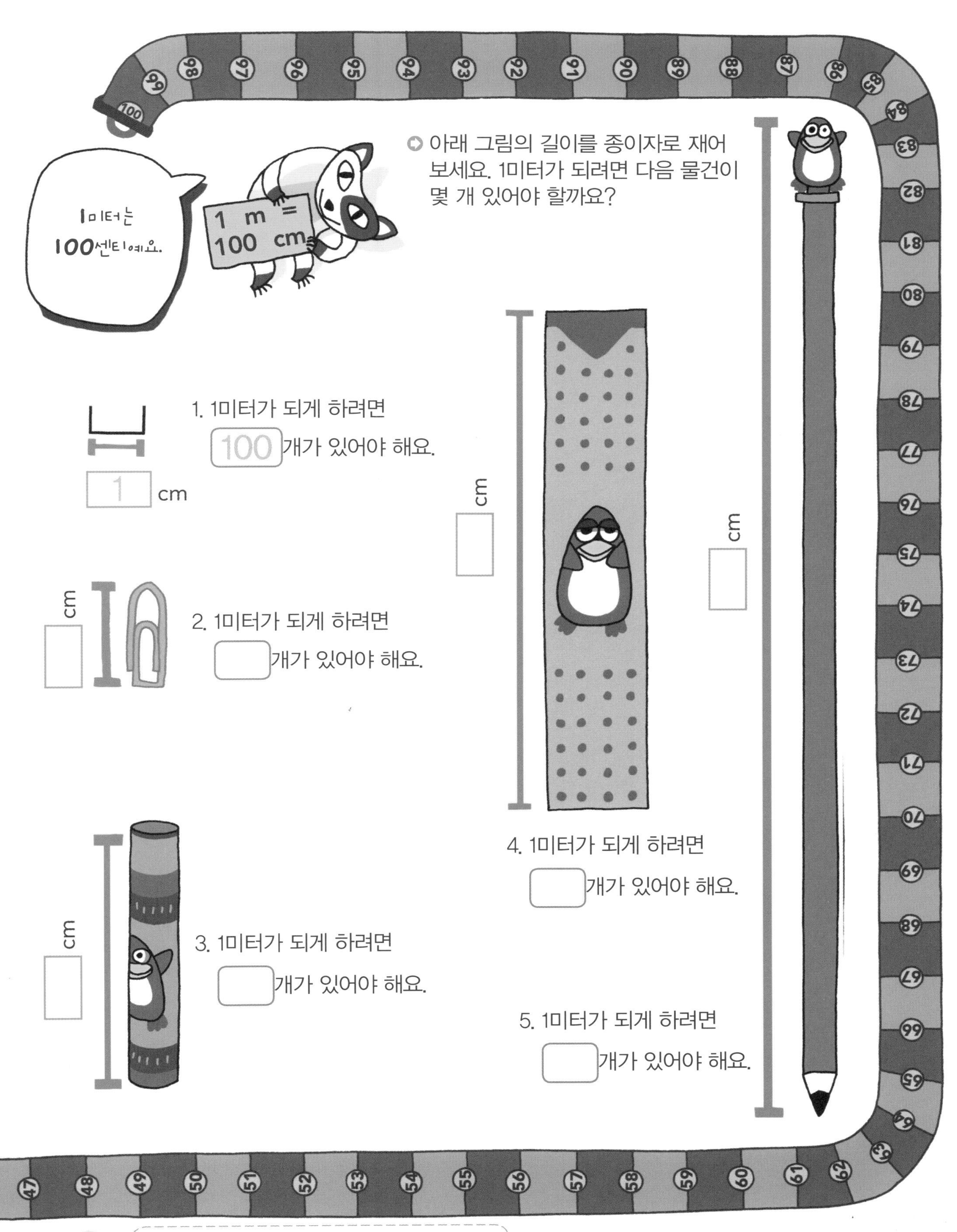


1미터(m)가 되려면 1센티미터(cm)가 100개가 있어야 합니다. 즉 1미터(m)는 100센티미터(cm)입니다.

# 무게

➲ 누가 가장 무거운가요? 찾아서 ○표 하세요.
누가 가장 가벼운가요? 찾아서 △표 하세요.

## 킬로그램 kg

아래 물건들의 무게를 보고, 어림해서 1kg보다 무거우면 ×를, 1kg보다 가벼우면 ○표 하세요.

1. 동화책

2. 아이스크림 컵

3. 텔레비전

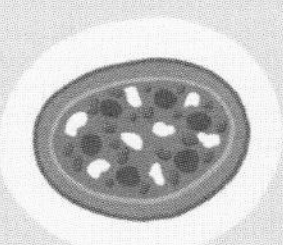
4. 피자

5. 한발 스케이트

6. 연필통

7. 망치

8. 계산기

9. 갓난 아기

## 그램 g

몇 그램인지 □ 안에 쓰세요.

1 g

10. 주사위는 약 [ 2 ] g이에요.

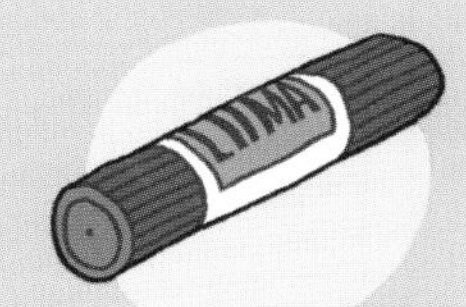
11. 풀은 주사위보다 8g 더 무거워요. [ ] g

12. 테이프는 풀보다 30g 더 무거워요. [ ] g

13. 색깔 연필은 테이프 무게의 반밖에 안 돼요. [ ] g

14. 크레용은 색깔 연필보다 10g 더 무거워요. [ ] g

# 부피

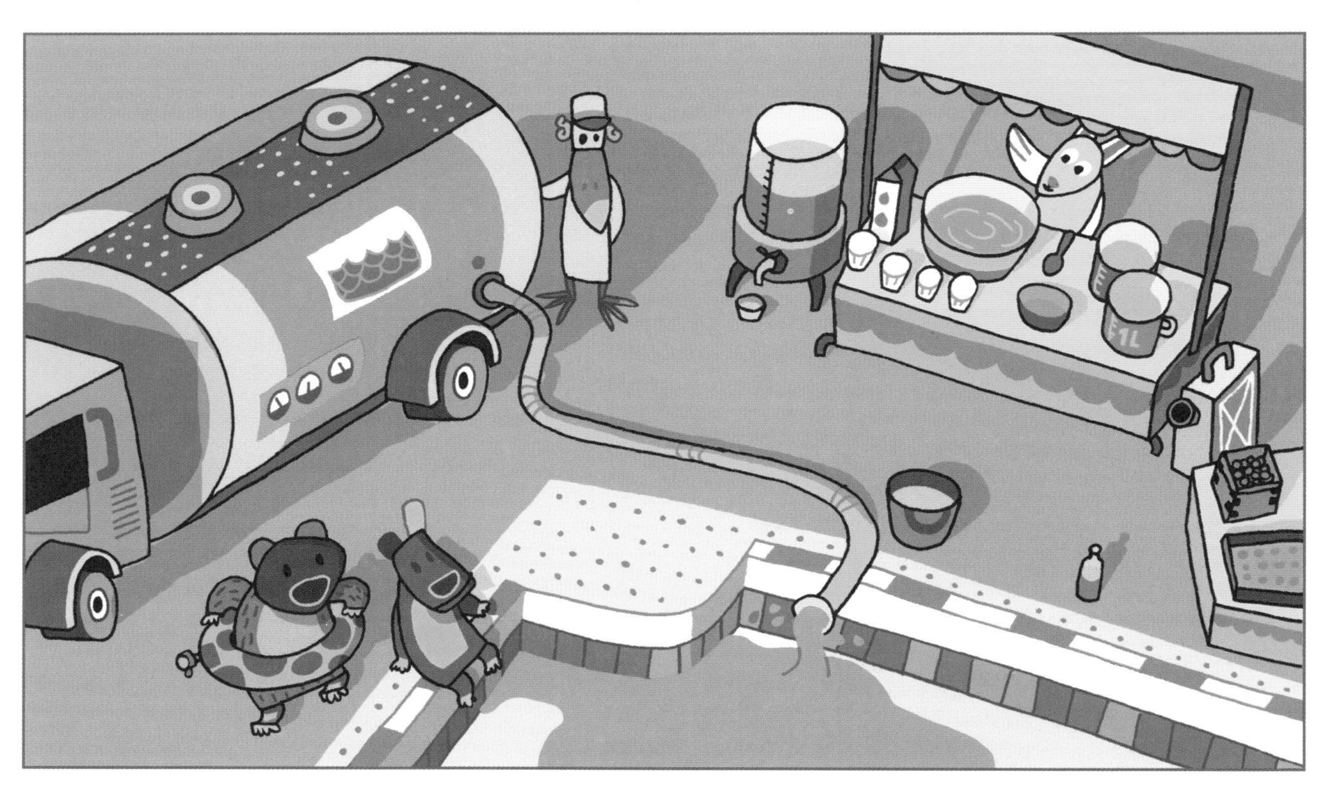

통안에 공이 몇 개나 들어 갈 지, 어림해서 □ 안에 쓰세요.

1. 상자에 공이 [6]개 들어있어요.

2. 상자보다 44개 더 들어가요.
   공이 □개 있어요.

벌꿀잼 통

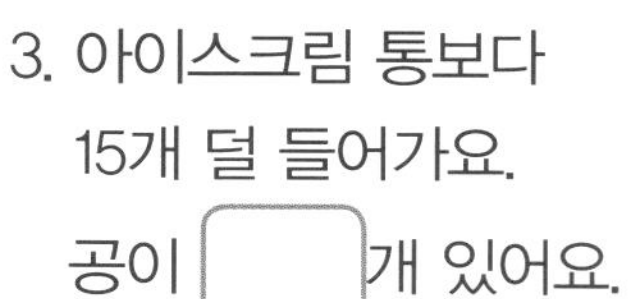

3. 아이스크림 통보다 15개 덜 들어가요.
   공이 □개 있어요.

주스 곽

4. 벌꿀잼 병보다 15개 더 들어가요.
   공이 □개 있어요.

양철 통

5. 주스 곽보다 50개 더 들어가요.
   공이 □개 있어요.

## 리터 (L)

1리터 (L)

모두 몇 리터인가요? □ 안에 쓰세요.

 L

□ L

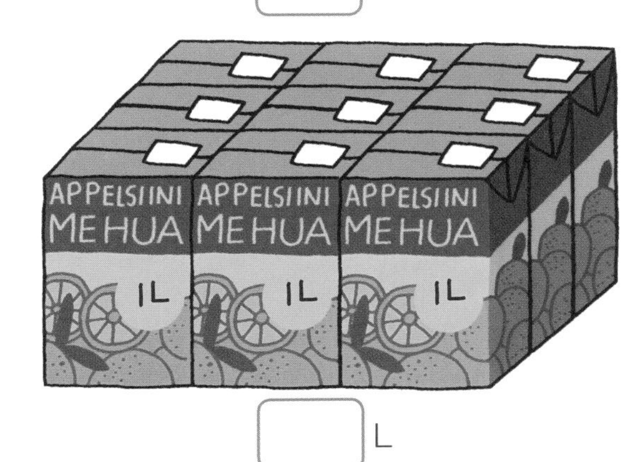


□ L

## 데시리터(dl)

모두 몇 데시리터인가요? □ 안에 쓰세요.

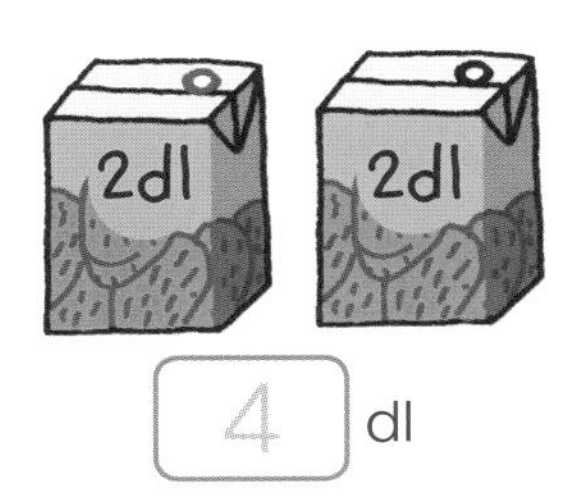


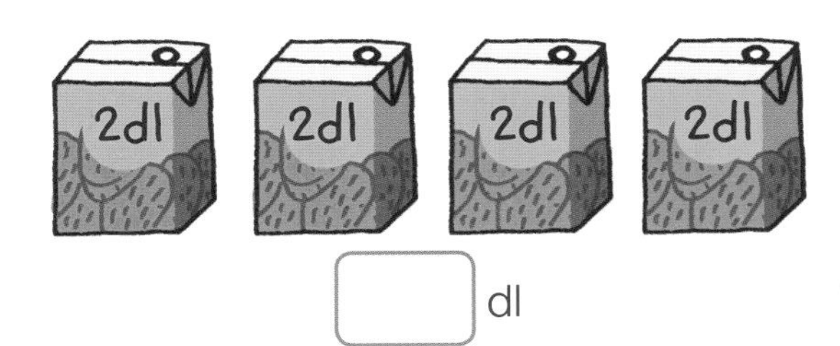


□ dl

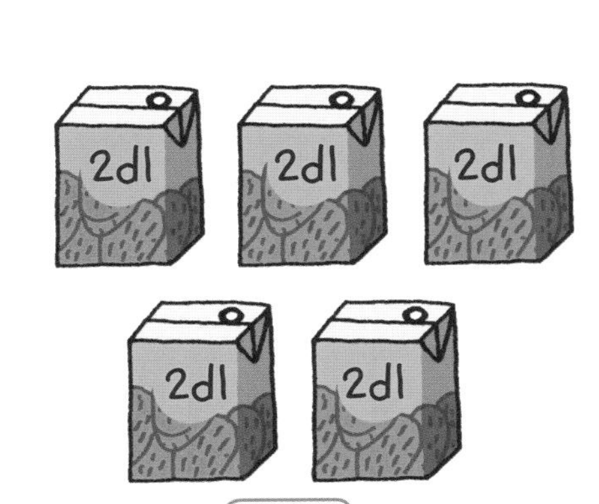

 dl

집에서 1L짜리 우유곽이나 500ml 생수병에 물을 넣어서 서로 비교도 해 보고, 다른 컵이나 병에 나누어 따라 보는 활동을 해 보세요. 부피에 대해 보다 쉽게 이해할 수 있는 시간이 될 거예요.

1리터(L)는 1데시리터(dl)가 10개가 있는 거예요.

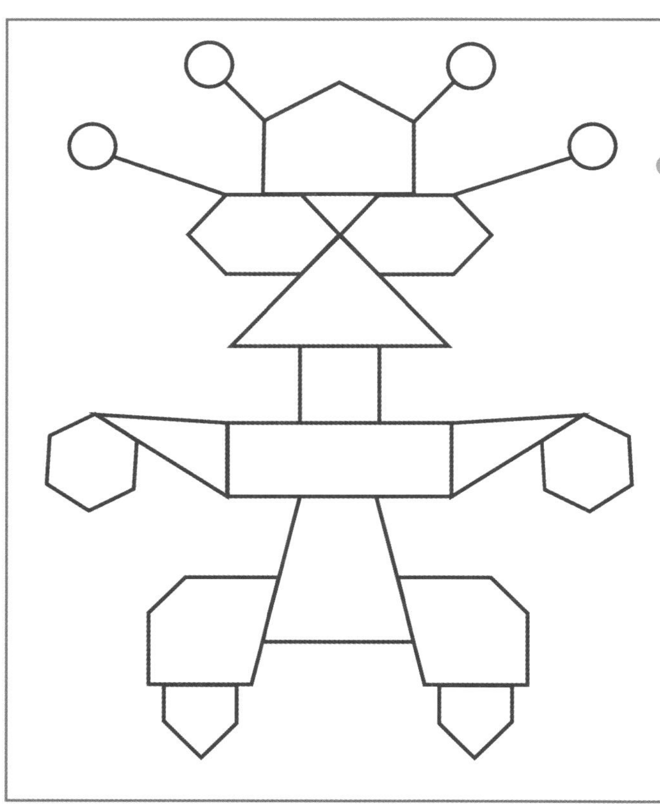

## 로봇에 색을 입혀 주세요.

- 주사위를 던져 나온 수에 맞는 모양 (평면 도형)에 칠하고 싶은 색으로 칠하세요.

 ➡ 육각형

 ➡ 오각형

 ➡ 네모(사각형)

 ➡ 세모(삼각형)

 ➡ 동그라미

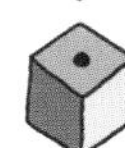 ➡ 다시 한번 던지기

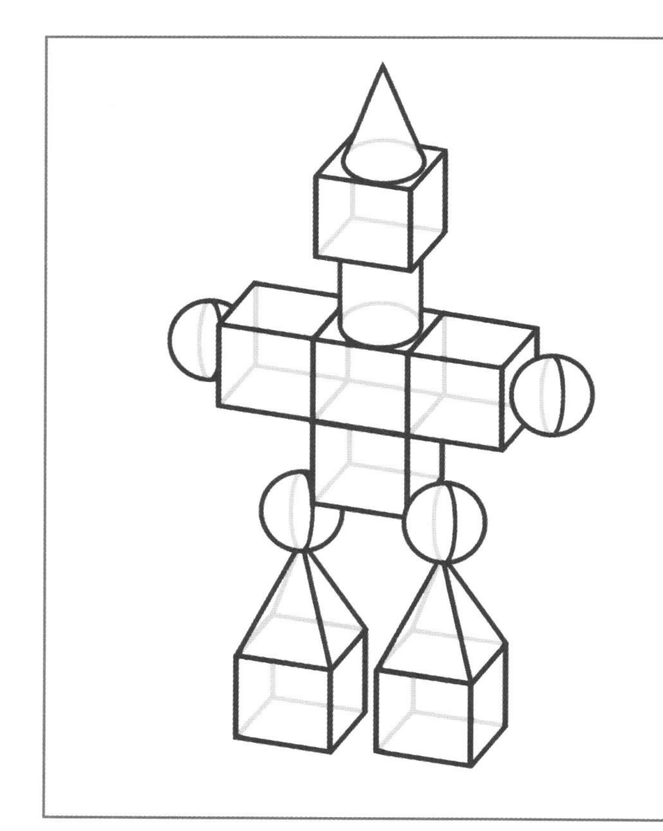

## 로봇에 색을 입혀 주세요.

- 주사위를 던져 나온 수에 맞는 모양 (입체 도형)에 칠하고 싶은 색으로 칠하세요.

 ➡

 ➡

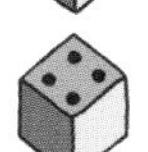 ➡

 ➡

 ➡

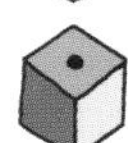 ➡ 다시 한번 던지기

## 루루가 모든 연잎에 갈 수 있게 도와주세요.

## 배운 걸 다시 확인해 봐요.

**1.** 모양과 색을 보고, 같은 모양에 같은 색으로 칠하세요.

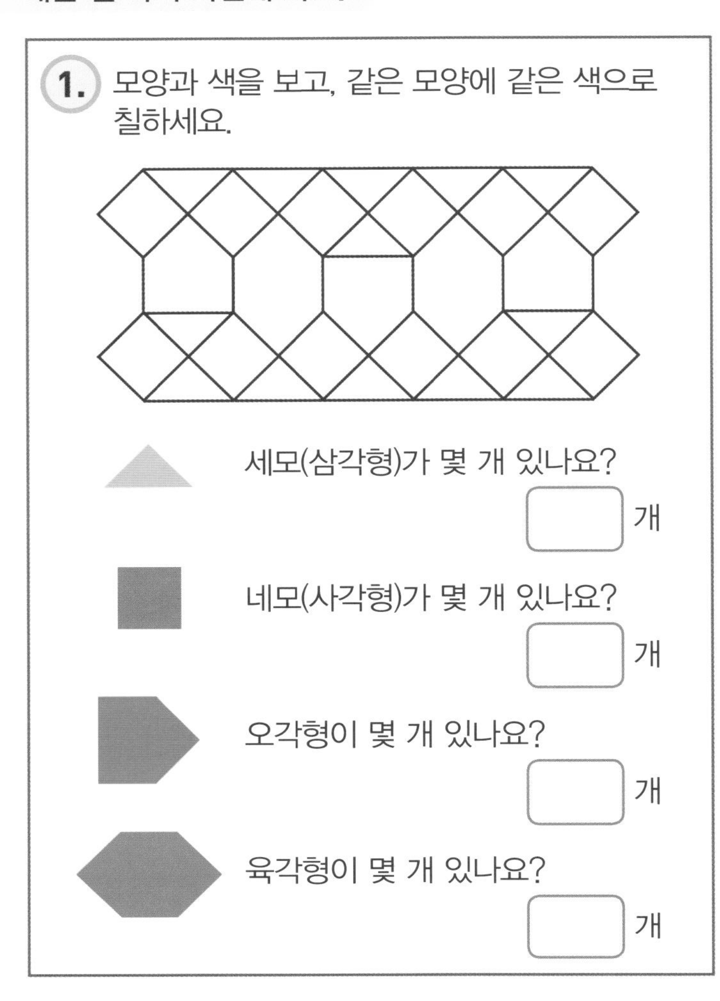


**2.** 입체 도형과 색을 보고, 색을 칠하세요.

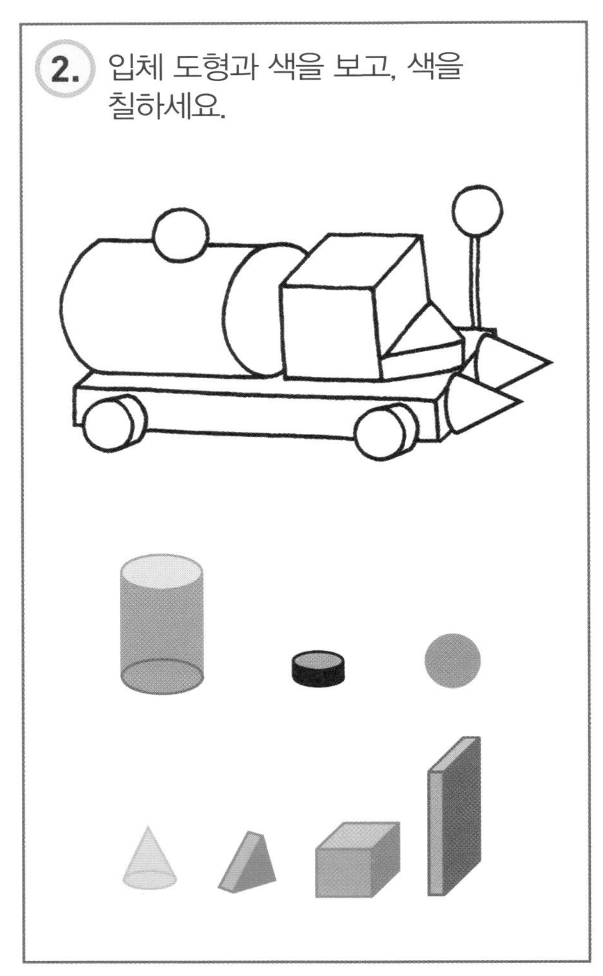

**3.** 다음 막대들로 어떤 모양을 만들 수 있을까요? 선으로 이어 보세요.

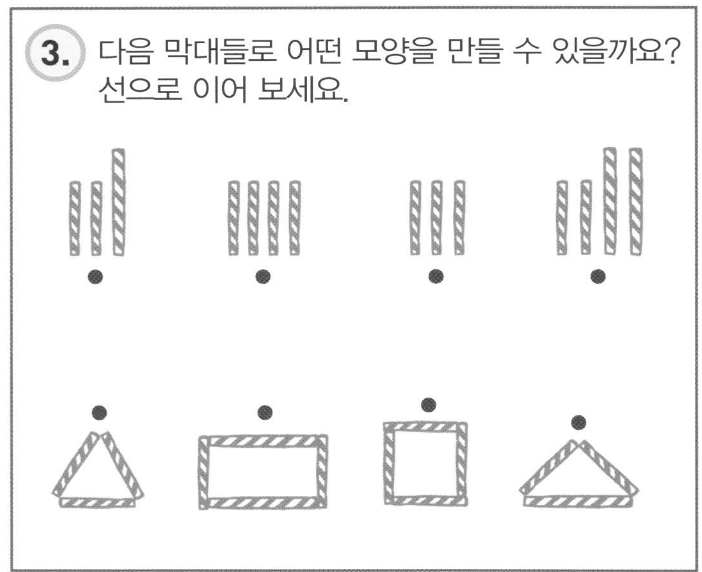

**4.** 선의 길이를 가늠하여 재 보세요.

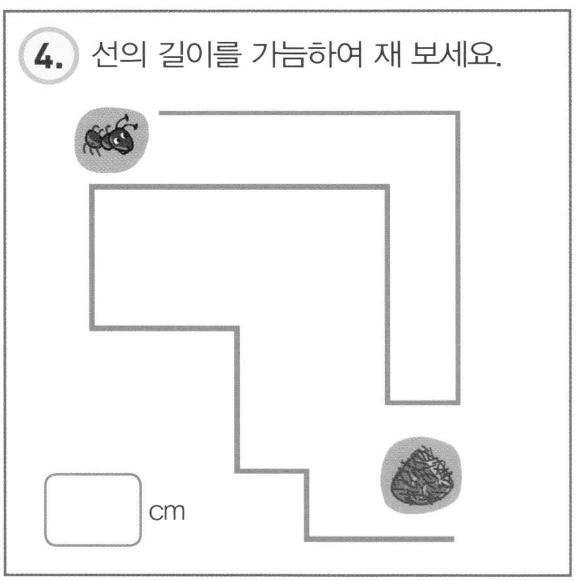


지금까지 재미있게 잘 했나요? 지금 내 기분과 같은 복돌의 얼굴에 ○표 하세요.

**6쪽**

① 10, ② 14, ③ 16, ④ 17, ⑤ 11, ⑥ 20

**7쪽**

⑦ 15, ⑧ 18, ⑨ 19, ⑩ 11, ⑪ 12

**8쪽**

15, 11, 16, 14, 12, 17, 18, 19, 20

**9쪽**

15, 17, 18, 19, 16, 20, 15, 16, 18, 20

**10쪽**

16, 12, 19, 17, 11, 13, 14, 20, 18, 15

**11쪽**

14, 12, 13, 15, 18, 16, 11, 17, 20, 19

**12쪽**

>, <, <, =

**13쪽**

14 > 12 / 15 > 14 / 11 < 13 / 12 < 15 /
12 = 12 / 16 > 13 / 17 < 18 / 12 < 15

**14쪽**

1번 >, >, =, >, =, > / 2번 <, =, <, <, <, = /
3번 >, =, >, >, >, > / 4번 <, <, =, <, < , = /
5번 2, 5, 6, 9, 10 / 6번 4, 5, 10, 14, 15 /
7번 0, 10, 14, 16, 20 / 8번 10, 7, 5, 3, 1 /
9번 18, 16, 10, 6, 2 / 10번 20, 11, 10, 1, 0

**15쪽**

더 읽었어요 : 뚜기, 1 / 루루, 2/ 키티, 2 / 뚜기, 4 /
키티, 8 / 태풍 4
덜 읽었어요 : 태풍, 1 / 멍군, 2 / 태풍, 2/
여우 선생님, 4 / 멍군, 8 / 루루 4

**19쪽**

1번 7, 5, 9, 10, 8, 6 / 2번 4, 6, 8, 5, 1, 3 /
3번 7, 10, 5, 8, 9, 4 / 4번 4, 1, 3, 7, 5, 2 /
5번 3, 3, 5, 6, 4, 6, 7 / 6번 4, 7, 0, 0, 0, 6, 0 /
7번 0, 6, 3, 5, 4, 0, 6 / 8번 6, 7, 7, 8, 9, 9 /
9번 2, 3, 4, 4, 5, 5 / 10번 10, 10, 8, 10, 7, 10 /
11번 9, 7, 5, 8, 6, 3

**20쪽**

가위 5개, 컵 4개, 책의 길이 10개, 책의 넓이 8개,
의자 높이 15개, 책상의 넓이 17개

**21쪽**

풀 3개, 계산기 10개, 책 15개, CD 3개, 축구공 2개,
주스 5개

**22쪽**

3원 더하기 : 12+3=15, 14+3=17, 16+3=19, 13+3=16
2원 빼기 : 18−2=16, 15−2=13, 17−2=15, 12−2=10

**23쪽**

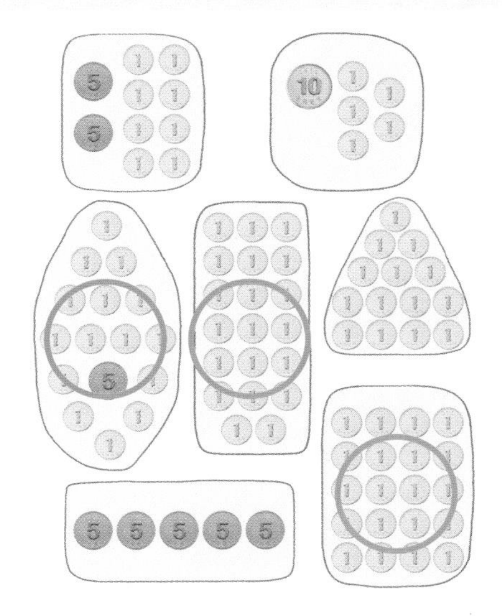

**24쪽**

1 : 19−12=7 / 2 : 15−12=3 / 3 : 14−12=2 / 4 : 12−12=0
5 : 5, 5, 1, 1 / 6 : 6, 6, 4, 4 / 7 : 5, 5, 0, 0 / 8 : 2, 2, 3, 3

**25쪽**

소리 13, 토미 13, 미니 15, 루루 16, 장군 18, 복돌 10, 여우 선생님 5, 나노 20, 나노에게 동그라미 표시

**26쪽**

10−8=2, 8+2=10 / 10−4=6, 4+6=10
○ / ×, 3 / ×, 4 / ×, 1 / ×, 3 / ×, 3 / ○ / ×, 6
합과 차 : 10+8=18, 10−8=2 / 13+3=16, 13−3=10 /
17+2=19, 17−2=15 / 15+5=20
15−5=10 / 14+3=17, 14−3=11

**27쪽**

18, 6, 2, 18, 7, 19

**28쪽**

20, 15, 20, 5, 20, 12, 20, 2, 20, 0

**29쪽**

15, 16, 10, 15, 8, 19

**30쪽**

20, 20, 19, 1 / 20, 20, 16, 4 / 20, 20, 18, 2 /
20, 20, 15, 5 / 20, 20, 17, 3

**31쪽**

1 : 15, 17, 12, 19 / 2 : 14, 10, 12, 18 / 3 : 1, 2, 1, 2 /
4 : 14, 19, 20, 15 / 5 : 10, 11, 15, 13 / 6 : 3, 4, 2, 1 /
7 : 18, 19, 18, 18 / 8 : 11, 10, 12, 11 / 9 : 6, 5, 5, 6 /
10 : 20, 19, 20, 20 / 11 : 17, 12, 15, 11 / 12 : 3, 5, 8, 6

**35쪽**

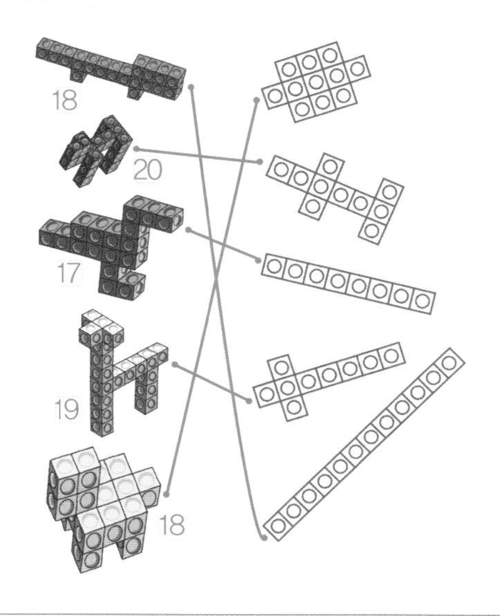


**36쪽**

**37쪽**

1 : 짱구, 밍크 | 멍군, 복돌 / 2 : 키티, 루루 | 나노, 도도 / 3 : 태풍, 토미 | 미니, 롱롱 / 4 : 와와, 소리 | 뚜기, 장군

**38쪽**

10, 12, 15, 13, 16, 14, 17, 11, 18

**39쪽**

1 : 13, 17, 12, 16 / 2 : 1, 4, 7, 5 / 3 : 10, 14, 11, 18 /
4 : 19, 20, 2, 6 / 키티
열쇠 문제 : 4, 2, 5, 3, 1, 6

**40쪽**

10, 12, 14, 11, 13, 15, 17, 8, 16

**41쪽**

1 : 12, 16, 14, 19 / 2 : 10, 18, 6, 4 / 3 : 11. 13. 15. 17 /
4 : 1, 3, 7, 8 / 복돌
열쇠 문제 3, 5, 4, 0, 10, 1

**42쪽**

10, 13, 11, 15, 12, 14

**43쪽**

1 : 10, 18, 11, 17 / 2 : 7, 4, 2, 6 / 3 : 12, 14, 16, 13 /
4 : 8, 19, 1, 3 / 멍군
열쇠 문제 3, 1, 7, 2, 4, 6

**44쪽**

10, 13, 15, 11, 14, 12

**45쪽**
1 : 10, 15, 18, 16 / 2 : 3, 1, 6, 4 / 3 : 13, 11, 14, 12 /
4 : 7, 19, 8, 17 / 토미
열쇠 문제 8, 5, 6, 2, 9, 4

**46쪽**
10, 11, 11, 12, 13, 13, 14, 15, 15, 16, 17, 17

**47쪽**
1 : 16, 12, 18, 14 / 2 : 1, 4, 2, 5 / 3 : 13, 15, 11. 17 /
4 : 6, 9, 8, 7 / 태풍
열쇠 문제 4, 6, 5, 7, 2, 3

**48쪽**
11, 7, 0, 2, 5, 6, 1

**49쪽**
18, 6, 15, 4, 18, 6, 19, 2

**50쪽**
20 > 14 / 20 = 20 / 15 < 20 / 20 = 20 /
20 > 15 / 20 = 20

**51쪽**
1, 16, 2, 12, 3, 8, 4, 0

**55쪽**
10, 1, 11

**56쪽**
8, 6, 10, 7, 5, 3

**57쪽**
1 : 7, 5, 4, 6 / 2 : 10, 8, 2, 9 / 3 : 12, 13, 14, 11 /
4 : 4, 17, 20, 16 / 샌드위치
마법 가루 3, 10, 4, 6, 2, 1

**58쪽**
8, 6, 9, 5, 7, 3

**59쪽**
1 : 8, 4, 7, 5 / 2 : 10, 6, 9, 3 / 3 : 12, 14, 16, 18 /
4 : 11, 13, 15, 17 / 군고구마
마법 가루 1, 10, 9, 3, 7, 11

**60쪽**
5, 9, 7, 4, 8, 6

**61쪽**
1 : 9, 6, 8, 5 / 2 : 10, 7, 4, 13 / 3 : 18, 15, 14, 17 /
4 : 0, 2, 3, 1 / 계란말이
마법 가루 10, 7, 11, 4, 13, 6

**62쪽**
8, 7, 9, 6, 5, 4

**63쪽**
1 : 9, 7, 8, 5 / 2 : 10. 12, 11, 13 / 3 : 14, 19, 15, 17 /
4 : 16, 18, 17, 19 / 마카로니
마법 가루 2, 7, 1, 19, 0, 8

**64쪽**
9, 7, 6, 8, 8, 7, 9, 8, 9

**65쪽**
1 : 7, 10, 8, 9 / 2 : 3, 5, 4, 6 / 3 : 1, 4, 2, 0 /
4 : 15, 12, 14, 11 / 초코파이
마법 가루 12, 2, 11, 7, 4, 14

**66쪽**
12, 12, 10, 2 / 12, 6 / 12, 12, 7, 5 / 12, 12, 8, 4 /
12, 12, 9, 3

**67쪽**
14, 7 / 16, 8 / 18, 9 / 11, 11, 7, 4 / 14, 14, 8, 6 /
12, 12, 9, 3 / 13, 13, 8, 5 / 11, 11, 9, 2 / 13, 13, 7, 6 /
15, 15, 8, 7 / 12, 12, 7, 5 / 12, 12, 8, 4 / 11, 11, 6, 5 /
15, 15, 9, 6 / 11, 11, 8, 3

**68쪽**
19, 9, 15, 15, 17, 17, 14, 13, 20, 18 / 복돌, 토미, 루루,
키티, 도도에 동그라미

**69쪽**
19, 15, 15, 3, 3, 18

**71쪽**
1 : 5, 8, 9, 7 / 2 : 10, 10, 10, 10 / 3 : 5, 10, 5, 10 /
4 : 10, 15, 17, 19 / 5 : 15, 10, 10, 12 / 6 : 0, 3, 5 0 /
7 : 15, 10, 20, 14 / 8 : 8, 9, 14, 11 /
9 : 10, 15, 11, 14 / 10 : 20, 15, 20, 15 /

11 : 10, 13, 10, 12 / 12 : 15, 15, 10, 10

**72쪽**

2, 4, 1, 3 / 3, 1, 4, 2 / 2, 3, 4, 1 / 4, 1, 3, 2

**73쪽**

8, 13, 9, 17, 17, 12, 14, 18 /
5, 17, 4, 13, 10, 8, 16, 20 /
7, 11, 12, 16

**74쪽**

1 : 11, 12, 16, 14 / 2 : 17, 13, 12, 11 / 3 : 13, 17, 11, 10 / 4 : 7, 7, 9, 7 / 5 : 5, 8, 9, 8 / 6 : 7, 4, 10, 9 /
7 : 9원 / 8 : 6원 / 9 : 2원

**76쪽**

95

**77쪽**

21, 25, 28, 32, 33, 37, 43, 44, 46, 58, 66

**79쪽 순서대로**

1 : 75, 72, 71, 70 / 2 : 25, 23, 22, 20/ 3 : 65, 45, 15, 55, 95 / 4 : 51, 91, 11, 81, 1 / 5 : 10, 100, 70, 30 / 6 : 5, 9, 6 / 7 : 30, 33, 35, 38, 37 / 8 : 17, 77, 7, 27 /
=, >, >, < / =, >, <, < / =, >, <, > / =, >, <, >

**80쪽**

34 > 32 / 41 < 43 / 26 < 30 / 42 > 32
5~8번 : >, <, >, < / >, >, >, > /
>, <, <, > / >, < , >, >
9~12번 : 18, 20, 39, 81 / 16, 39, 41, 61 /
28, 48, 58, 98 / 60, 62, 63, 66

**81쪽**

21, 34, 13, 30, 34

**82쪽**

37, 39, 38, 40, 36 / 35, 30, 33, 31, 36 /
0, 1, 6, 2, 4 / 66, 68, 67, 69, 70 /
64, 60, 63, 61, 62 / 5, 0, 2, 4, 1

**83쪽**

12, 25, 52, 75, 80 / 13, 31, 35, 38, 53 /
38, 68, 80, 83, 86 / 24, 26, 42, 62, 100

**84쪽**

29, 26, 28, 22, 24 / 1, 5, 3, 6, 9 / 39, 34, 37, 35, 40 / 1, 4, 7, 2, 5 / 8, 18, 38, 68, 98 / 10, 30, 50, 80, 100 / 4, 14, 44, 54, 94 / 5, 25, 45, 75, 95
17, 20, 18, 17, 12, 16 / 20, 23, 21, 20, 15, 19 /
47, 50, 48, 47, 42, 46 / 60, 63, 61, 60, 55, 59 /
77, 80, 78, 77, 72, 76 / 90, 93, 91, 90, 85, 89

**85쪽**

날씨 : 7, 6, 9, 7 / 기념일 : 5, 8, 18, 6, 21

**86쪽**

65, 68, 85, 87, 55, 59 / 25, 22, 5, 3, 35, 31 /
74, 75, 94, 99, 84 ,87 / 44, 40, 4, 0, 34, 32
16, 36, 40, 37, 7, 6 / 30, 50, 54, 51, 21, 20 /
36, 56, 60, 57, 27, 26 / 50, 70, 74, 71, 41, 40 /
56, 76, 80, 77, 47, 46 / 70, 90, 94, 91, 61, 60

**87쪽**

2, 5, 15, 6, 19, 9, 4, 7, 11 / 18, 24, 36, 12 / 37, 11, 42, 10
28, 38, 18, 8 / 36, 46, 26, 16 /
42, 52, 32, 22 / 61, 71, 51, 41

**88쪽**

67, 94, 70, 91, 100

**89쪽**

25, 42, 89, 32 / 51, 38, 75, 93 / 50, 20, 30, 80 /
4, 2, 9, 7 / 35, 49, 77, 28 / 25, 95, 59, 37 /
42, 66, 24, 73 / 1, 5, 8, 4 / 40, 60, 30, 80 /
50, 70, 30, 100 / 19, 57, 22, 66 / 2, 5, 4, 1 /
50, 90, 70, 80 / 95, 48, 83, 76 / 40, 30, 40, 30 /
75, 13, 39, 17

**90쪽**

5, 10, 15, 20, 25 / 10, 20, 30, 40, 50 / 10, 15, 25, 30, 40 / 1, 11, 16, 17, 27 /
5번, 6번, 9번, 10번에 동그라미

**91쪽**

60 / 65 / 85 / 95 / 85 / 70 / 85 / 85 / 95

**94쪽**

40, 38, 70, 99

95쪽

96쪽

1 : 38, 51, 69, 90 / 2 : >, <, <, > /
3 : 80, 30, 94, 58 / 4 : 52, 33, 50, 56 /
5 : 2, 3, 30, 32 / 6~8 : 12, 5, 26 / 9~10 : 5, 5

99쪽

100쪽

101쪽

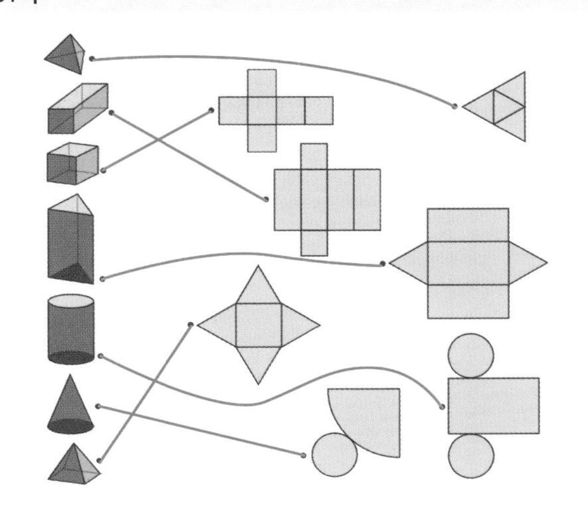

102쪽

**103쪽**

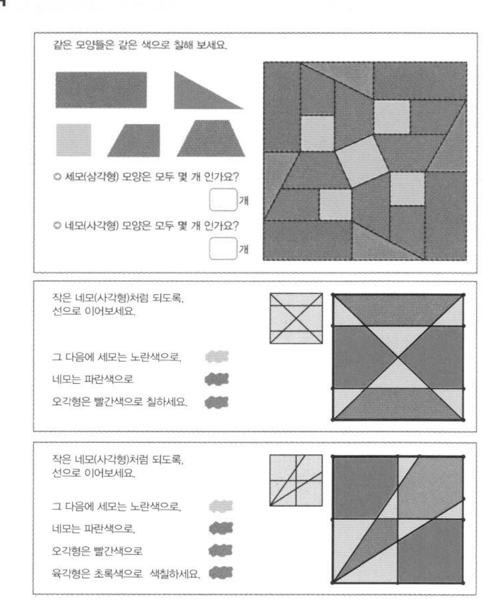


**106쪽**

책갈피 3개, 스티커 2개, 연필깍이 2개, 가위 5개, 크레용 3개, 연필 8개

**107쪽**

2, 5, 6, 11, 15 / 8, 5, 7, 9, 7, 9, 7, 10, 5 / 10, 8, 4, 6

**108쪽**

14, 13, 10 / 5, 5, 3 / 1, 2, 5 / 3, 2, 7

**109쪽**

파란선 49cm / 빨간선 38cm / 초록선 40cm

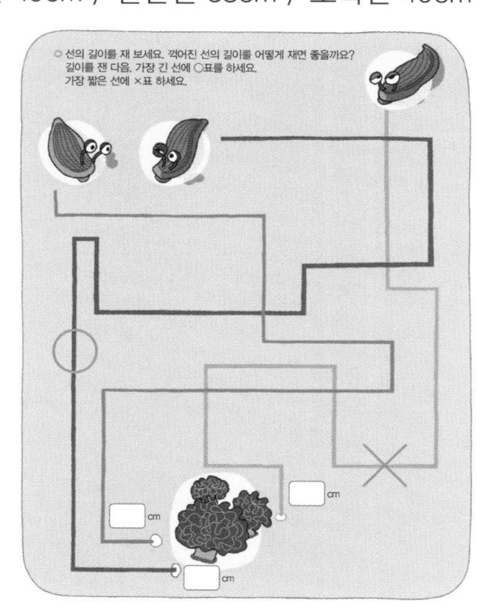


**110쪽**

2, 4, 5, 10, 12

**111쪽**

1cm, 100개 / 클립 2cm, 50개 / 크레용 5cm, 20개 / 책갈피 10cm, 10개 / 연필 20cm, 5개

**112쪽**

가장 무거운 친구는 복돌, 가장 가벼운 친구는 루루

**113쪽**

주사위 2g, 풀 10g, 테이프 40g, 색깔 연필 20g, 크레용 30g

**114쪽**

상자 6개 / 아이스크림 통 50개 / 벌꿀잼 통 35개 / 주스 곽 50개 / 양철 통 100개

**115쪽**

3L, 6L, 9L / 4dL, 8dL, 10dL

**118쪽**

1: 세모 – 13개, 네모 – 12개, 오각형 – 3개, 육각형 – 2개
2번 생략
3 :

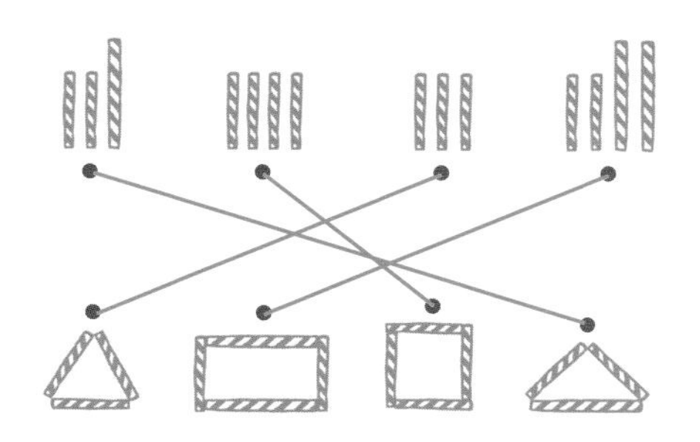

4 : 26cm

재미있었나요~

The original Finnish title of the work : Matikkamatka 1 kevät
by Hellevi Putkonen et al
Copyright © 2002 Hellevi Putkonen et al, Tammi Publishers, Helsinki, Finland
All rights reserved.

Korean translation copyright © 2011 by Dhampus Publishing Co.,
arranged with Tammi Publishers & Elina Ahlback Literat Agency, Helsinki, Finland through Book Seventeen Agency, Seoul, Korea

이 책의 한국어판 저작권은 북센븐틴 에이전시를 통한
Tammi Publishers사와의 독점 계약으로 한국어 판권을 '담푸스'가 소유합니다.
저작권법에 의하여 한국 내에서 보호를 받는 저작물이므로 무단전재 및 복제를 금합니다.

핀란드 초등 수학 교과서와 함께 떠나는

100까지 수와 덧셈과 뺄셈을 익히다

초판 1쇄 펴낸날 2011년 12월 21일
초판 3쇄 펴낸날 2017년 9월 28일

지음 헬레비 뿌트꼬넨, 유씨 신네매끼, 헨느리까 아르호마, 미사 띠까
옮김 살미넨 따루
감수 강미선

펴낸이 이종미
펴낸곳 담푸스
대표 이형도
등록 제395-2008-00024호
주소 (우)10477 경기도 고양시 덕양구 은빛로 45 꽃무리빌딩 204호
전화 031) 919-8510(편집) 031) 911-8513(주문관리) 팩스 0303) 0515-8907
메일 dhampus@naver.com 카페 http://cafe.naver.com/dhampusbook
홈페이지 http://dhampus.com

기획편집 권병재, 김현정
마케팅 신기탁
디자인 도도디자인

책값은 뒤표지에 있습니다.
잘못 만든 책은 구입하신 서점에서 바꾸어 드립니다.

ISBN 978-89-94449-14-2 64410
ISBN 978-89-94449-12-8(세트)

이 도서의 국립중앙도서관의 출판시도서목록(CIP)은 e-cip 홈페이지에서 이용하실 수 있습니다.

| 1 | 2 | 3 | 4 | 5 |
| --- | --- | --- | --- | --- |
| 11 | 12 | 13 | 14 | 15 |
| 21 | 22 | 23 | 24 | 25 |
| 31 | 32 | 33 | 34 | 35 |
| 41 | 42 | 43 | 44 | 45 |
| 51 | 52 | 53 | 54 | 55 |
| 61 | 62 | 63 | 64 | 65 |
| 71 | 72 | 73 | 74 | 75 |
| 81 | 82 | 83 | 84 | 85 |
| 91 | 92 | 93 | 94 | 95 |

| 1<br>일, 하나 | 2<br>이, 둘 | 3<br>삼, 셋 | 4<br>사, 넷 | 5<br>오, 다섯 |
|---|---|---|---|---|
| 11<br>십일, 열하나 | 12<br>십이, 열둘 | 13<br>십삼, 열셋 | 14<br>십사, 열넷 | 15<br>십오, 열다섯 |
| 21<br>이십일, 스물하나 | 22<br>이십이, 스물둘 | 23<br>이십삼, 스물셋 | 24<br>이십사, 스물넷 | 25<br>이십오, 스물다섯 |
| 31<br>삼십일, 서른하나 | 32<br>삼십이, 서른둘 | 33<br>삼십삼, 서른셋 | 34<br>삼십사, 서른넷 | 35<br>삼십오, 서른다섯 |
| 41<br>사십일, 마흔하나 | 42<br>사십이, 마흔둘 | 43<br>사십삼, 마흔셋 | 44<br>사십사, 마흔넷 | 45<br>사십오, 마흔다섯 |
| 51<br>오십일, 쉬흔하나 | 52<br>오십이, 쉬흔둘 | 53<br>오십삼, 쉬흔셋 | 54<br>오십사, 쉬흔넷 | 55<br>오십오, 쉬흔다섯 |
| 61<br>육십일, 예순하나 | 62<br>육십이, 예순둘 | 63<br>육십삼, 예순셋 | 64<br>육십사, 예순넷 | 65<br>육십오, 예순다섯 |
| 71<br>칠십일, 일흔하나 | 72<br>칠십이, 일흔둘 | 73<br>칠십삼, 일흔셋 | 74<br>칠십사, 일흔넷 | 75<br>칠십오, 일흔다섯 |
| 81<br>팔십일, 여든하나 | 82<br>팔십이, 여든둘 | 83<br>팔십삼, 여든셋 | 84<br>팔십사, 여든넷 | 85<br>팔십오, 여든다섯 |
| 91<br>구십일, 아흔하나 | 92<br>구십이, 아흔둘 | 93<br>구십삼, 아흔셋 | 94<br>구십사, 아흔넷 | 95<br>구십오, 아흔다섯 |

| 6<br>5 1 | 7<br>5 1 1 | 8<br>5 1 1 1 | 9<br>5 1 1 1 1 | 10<br>10 |
|---|---|---|---|---|
| 16<br>10 5 1 | 17<br>10 5 1 1 | 18<br>10 5<br>1 1 1 | 19<br>10 5 1 1 1 1 | 20<br>10 10 |
| 26<br>10 10 5 1 | 27<br>5<br>10 10 1 1 | 28<br>10 10 1<br>5 1 1 | 29<br>10 1 1<br>5<br>10 1 1 | 30<br>10 10 10 |
| 36<br>10 10 10<br>5 1 | 37<br>10 10 10<br>5 1 1 | 38<br>10 10 10<br>5 1 1 1 | 39<br>10 10 10<br>5 1 1 1 1 | 40<br>10 10 10 10 |
| 46<br>5 1<br>10 10 10 10 | 47<br>5 1 1<br>10 10 10 10 | 48<br>5 1 1 1<br>10 10 10 10 | 5 49<br>1 1 1 1<br>10 10 10 10 | 50<br>50 |
| 56<br>50 5 1 | 57<br>50 5 1 1 | 58<br>1<br>50 5<br>1 1 | 59<br>50 5 1 1 1 1 | 60<br>50 10 |
| 66<br>50 10 5 1 | 67<br>50 10 5 1 1 | 68<br>50 10 1<br>5 1 1 | 69<br>10 1 1<br>50 5 1 1 | 70<br>50 10 10 |
| 76<br>50<br>10 10 5 1 | 77<br>50 5 1<br>10 10 1 | 78<br>50 5 1<br>10 10 1 1 | 79<br>50 5 1 1<br>10 10 1 1 | 80<br>50 10 10 10 |
| 86<br>50 10 5<br>10 10 1 | 87<br>50 10 5 1<br>10 10 1 | 88<br>50 10 5 1<br>10 10 1 1 | 89 5<br>50 10 1 1<br>10 10 1 1 | 90<br>50 10 10<br>10 10 |
| 96<br>50 5 1<br>10 10 10 10 | 97<br>50 5 1 1<br>10 10 10 10 | 98<br>50 5 1 1 1<br>10 10 10 10 | 99 5<br>50 1 1 1 1<br>10 10 10 10 | 100<br>100 |

| | | | | |
|---|---|---|---|---|
| 6<br>육, 여섯 | 7<br>칠, 일곱 | 8<br>팔, 여덟 | 9<br>구, 아홉 | 10<br>십, 열 |
| 16<br>십육, 열여섯 | 17<br>십칠, 열일곱 | 18<br>십팔, 열여덟 | 19<br>십구, 열아홉 | 20<br>이십, 스물 |
| 26<br>이십육, 스물여섯 | 27<br>이십칠, 스물일곱 | 28<br>이십팔, 스물여덟 | 29<br>이십구, 스물아홉 | 30<br>삼십, 서른 |
| 36<br>삼십육, 서른여섯 | 37<br>삼십칠, 서른일곱 | 38<br>삼십팔, 서른여덟 | 39<br>삼십구, 서른아홉 | 40<br>사십, 마흔 |
| 46<br>사십육, 마흔여섯 | 47<br>사십칠, 마흔일곱 | 48<br>사십팔, 마흔여덟 | 49<br>사십구, 마흔아홉 | 50<br>오십, 쉬흔 |
| 56<br>오십육, 쉬흔여섯 | 57<br>오십칠, 쉬흔일곱 | 58<br>오십팔, 쉬흔여덟 | 59<br>오십구, 쉬흔아홉 | 60<br>육십, 예순 |
| 66<br>육십육, 예순여섯 | 67<br>육십칠, 예순일곱 | 68<br>육십팔, 예순여덟 | 69<br>육십구, 예순아홉 | 70<br>칠십, 일흔 |
| 76<br>칠십육, 일흔여섯 | 77<br>칠십칠, 일흔일곱 | 78<br>칠십팔, 일흔여덟 | 79<br>칠십구, 일흔아홉 | 80<br>팔십, 여든 |
| 86<br>팔십육, 여든여섯 | 87<br>팔십칠, 여든일곱 | 88<br>팔십팔, 여든여덟 | 89<br>팔십구, 여든아홉 | 90<br>구십, 아흔 |
| 96<br>구십육, 아흔여섯 | 97<br>구십칠, 아흔일곱 | 98<br>구십팔, 아흔여덟 | 99<br>구십구, 아흔아홉 | 100<br>백 |

★ 동전 카드, 놀이와 계산에 활용하세요.

가위로 선을 따라 오려주세요.

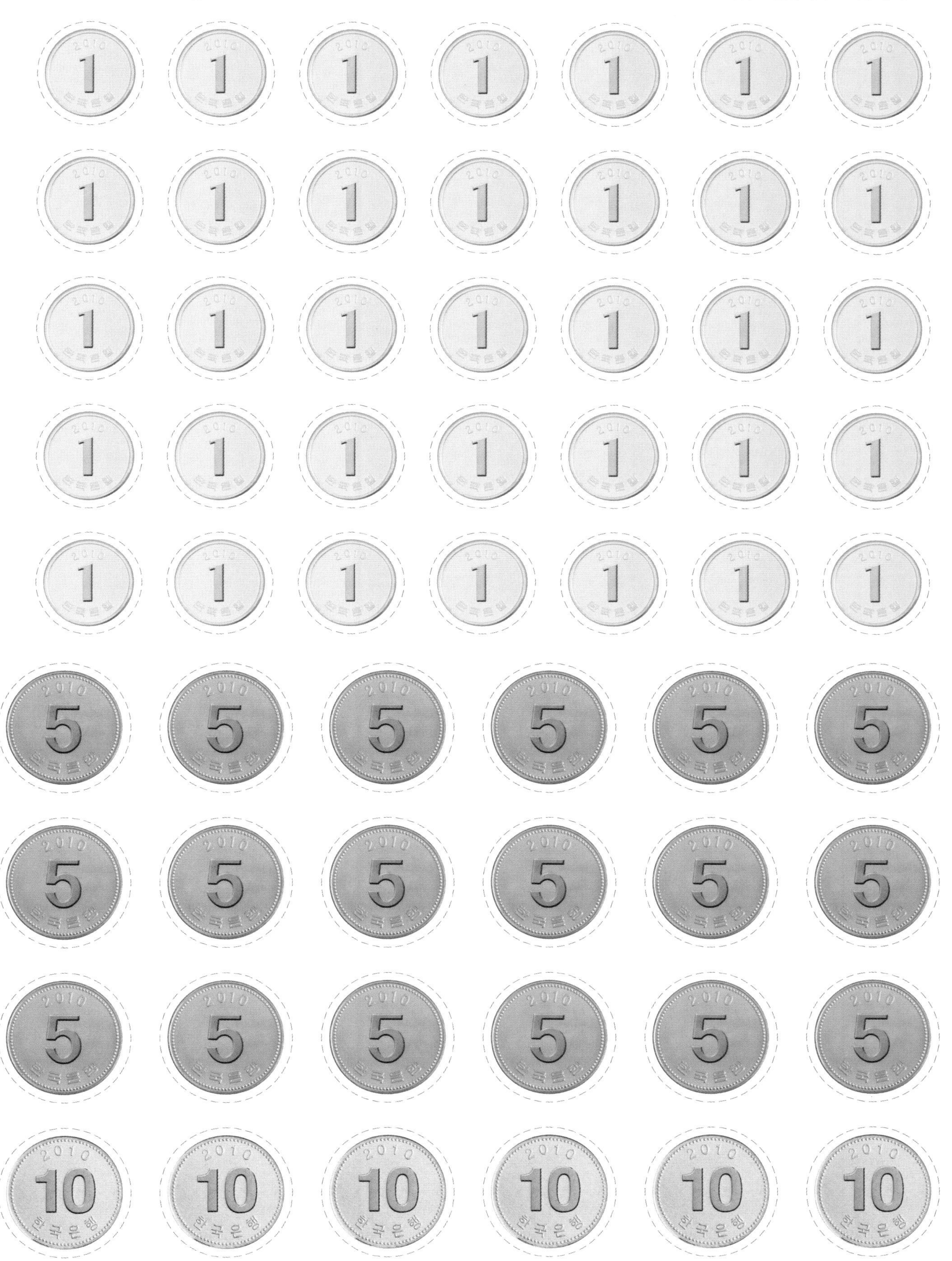

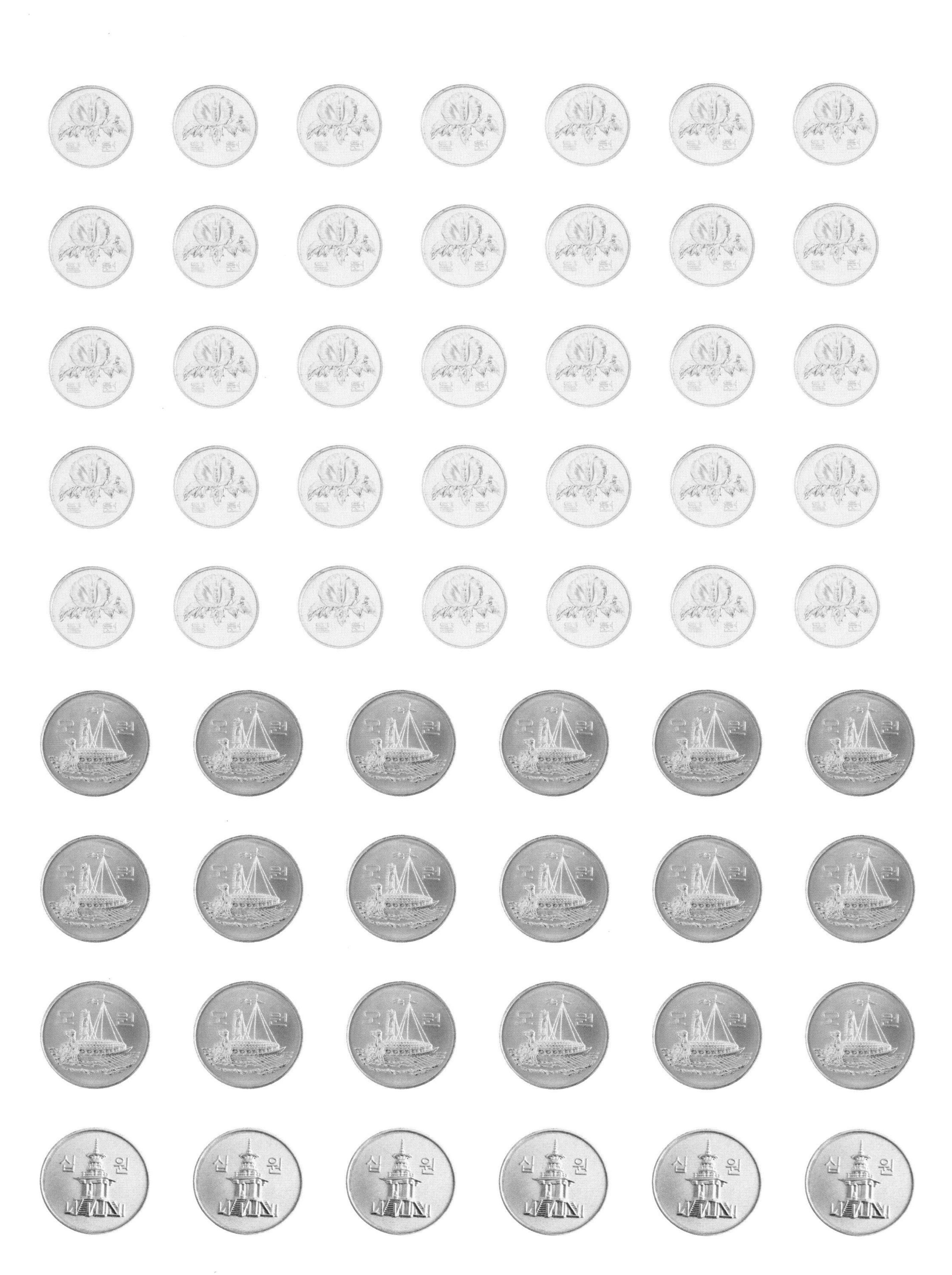

오 원
십 원

가위로 선을 따라 오려주세요.

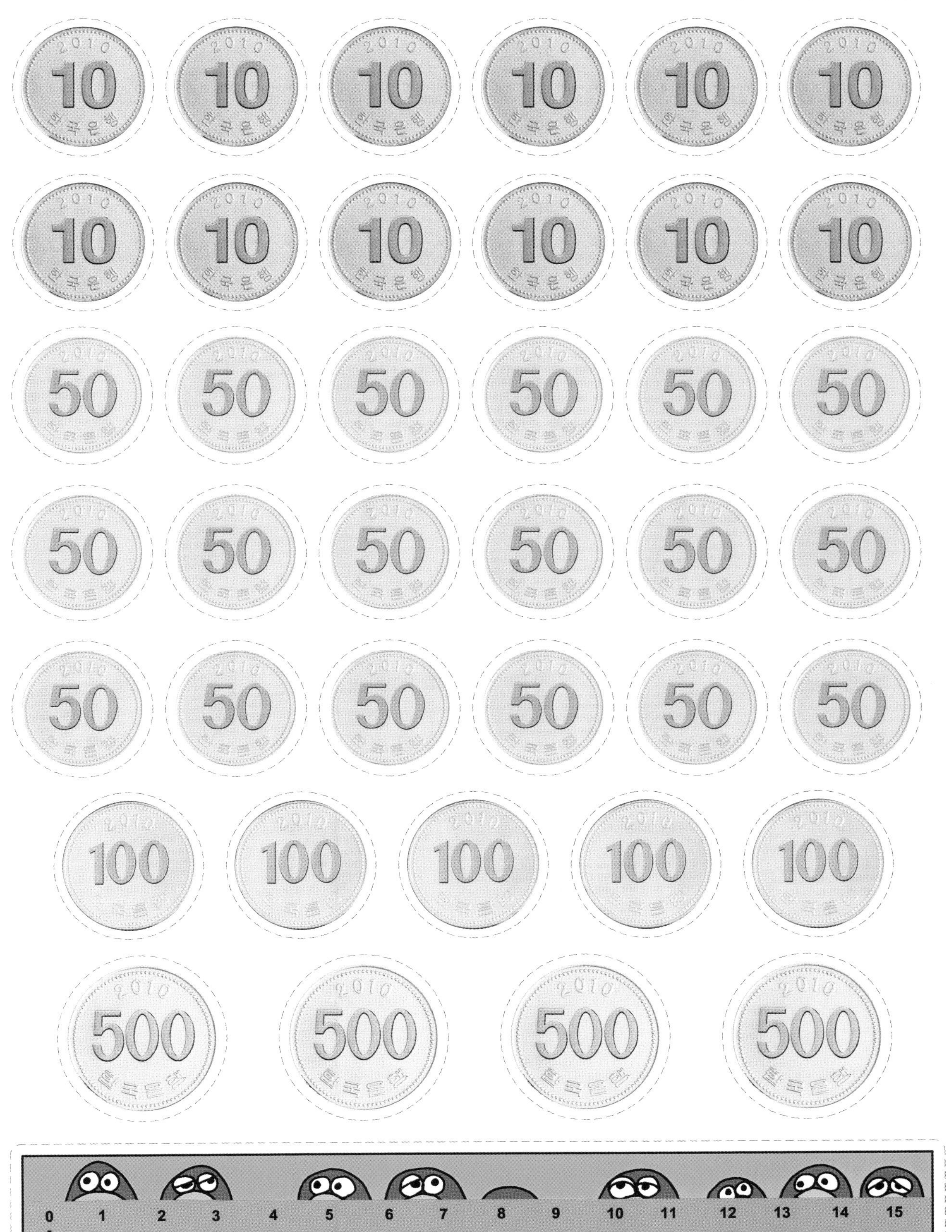

십 원
오십원
백 원
오백원

가위로 선을 따라 오려주세요.

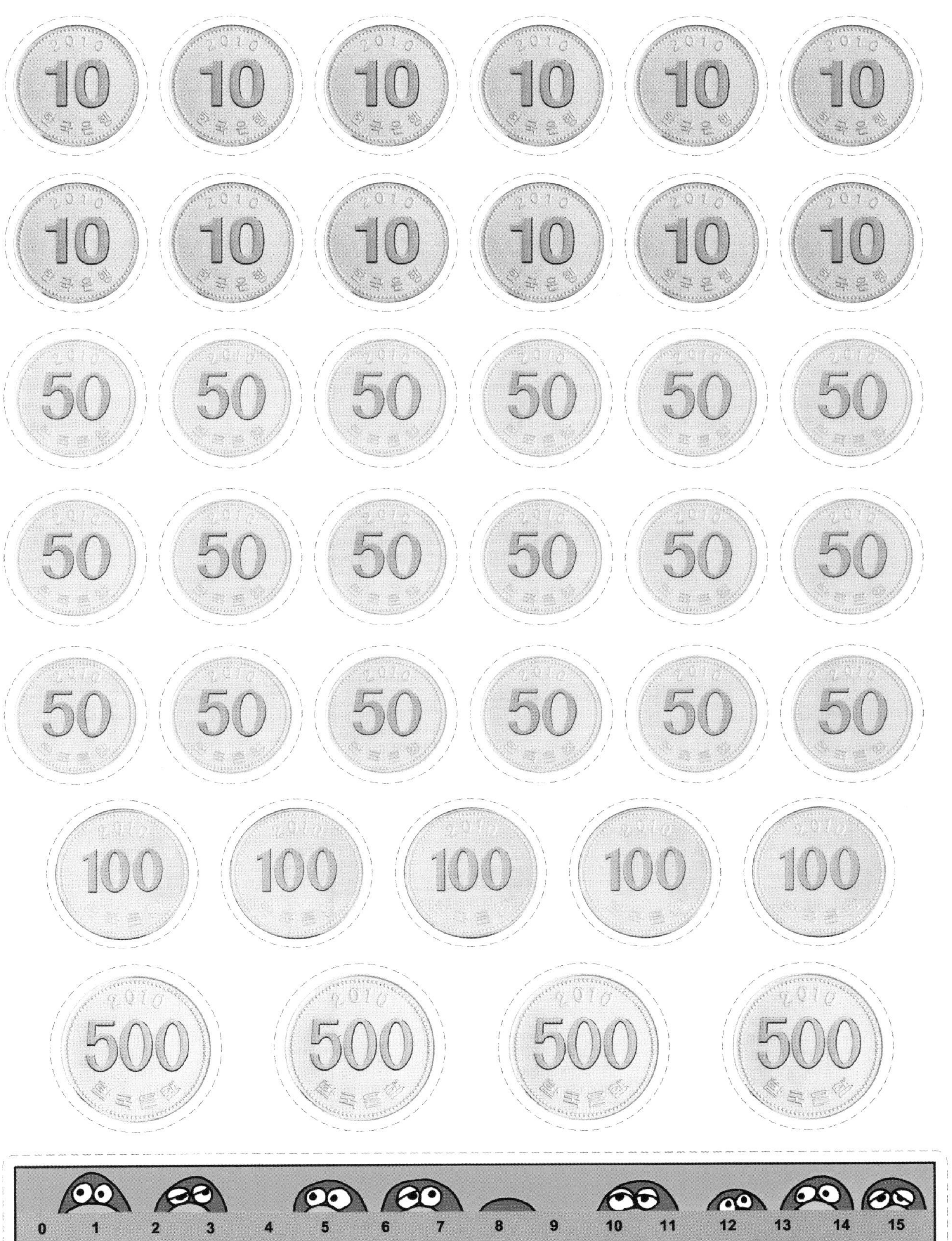


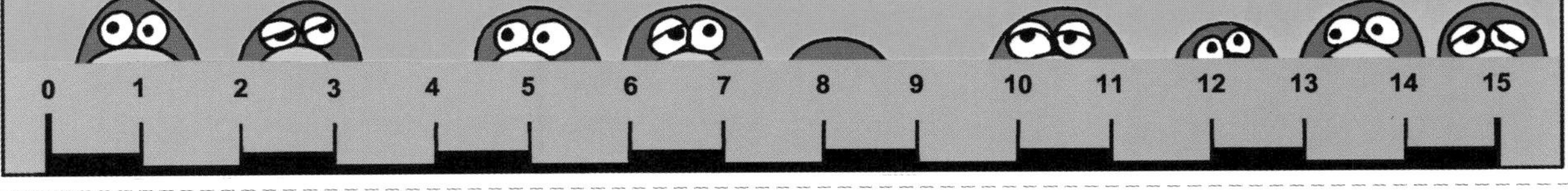

십 원
십 원
십 원
십 원
십 원
십 원
십 원
십 원
십 원
십 원
십 원
십 원
오십원
오십원
오십원
오십원
오십원
오십원
오십원
오십원
오십원
오십원
오십원
오십원
오십원
오십원
오십원
오십원
오십원
오십원
백 원
백 원
백 원
백 원
백 원
오백원
오백원
오백원
오백원

핀란드 초등 수학 교과서와 함께 떠나는

# 수학 여행

100까지 수와 덧셈과 뺄셈을 익히다

# 별책부록 2

1학년 2학기

헬레비 뿌트꼬넨 지음 | 살미넨 따루 옮김 | 강미선 감수

초등학교

학년 반 번

이름

빈 칸에 순서에 맞게 숫자를 쓰세요.

| 1 | 2 | 3 | · | 1 | 2 | 3 | · |  |  |  | · |  |  |  |
|---|---|---|---|---|---|---|---|---|---|---|---|---|---|---|
|  |  |  | · |  |  |  | · |  |  |  | · |  |  |  |

| 4 | 5 | 6 | · | 4 | 5 |  | · |  |  |  | · |  |  |  |
|---|---|---|---|---|---|---|---|---|---|---|---|---|---|---|
|  |  |  | · |  |  |  | · |  |  |  | · |  |  |  |

| 7 | 8 | 9 | · | 7 |  |  | · |  |  |  | · |  |  |  |
|---|---|---|---|---|---|---|---|---|---|---|---|---|---|---|
|  |  |  | · |  |  |  | · |  |  |  | · |  |  |  |

모양들의 수를 세어 □ 안에 그 수를 쓰세요.

□ □ □

◎ 돈의 액수를 보고, □ 안에 쓰세요.

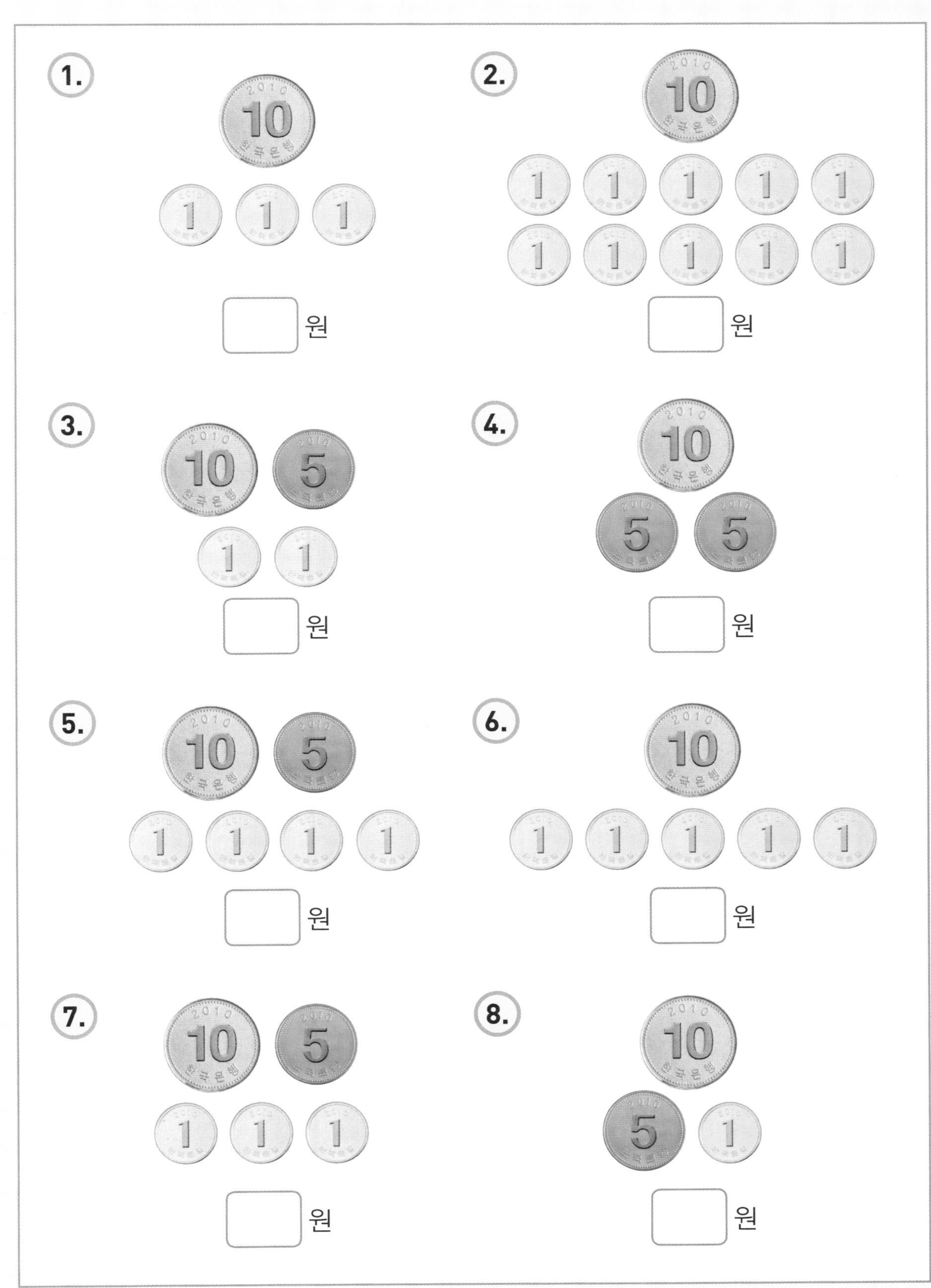

두 수를 비교해서 >, <, 또는 = 를 넣으세요.

| | | | | | | | | | | | |
|---|---|---|---|---|---|---|---|---|---|---|---|
| 7 | | 11 | 0 | | 0 | 15 | | 13 | 16 | | 19 |
| 14 | | 12 | 17 | | 20 | 16 | | 14 | 20 | | 12 |

수를 큰 순서대로 빈 칸에 쓰세요.

| 13 | 9 | 18 | 14 | 20 |
|---|---|---|---|---|
| | | | | |

| 10 | 0 | 5 | 15 | 11 |
|---|---|---|---|---|
| | | | | |

두 수를 비교해서 >, <, 또는 = 를 넣으세요.

| | | | | | | | | | | | |
|---|---|---|---|---|---|---|---|---|---|---|---|
| 10 | | 20 | 17 | | 7 | 11 | | 11 | 17 | | 17 |
| 13 | | 19 | 20 | | 20 | 0 | | 11 | 10 | | 1 |

수를 작은 순서대로 빈 칸에 쓰세요.

| 11 | 6 | 14 | 10 | 9 |
|---|---|---|---|---|
| | | | | |

| 15 | 12 | 18 | 13 | 17 |
|---|---|---|---|---|
| | | | | |

○ 각각 얼마인지 쓰고, 값을 비교해서 >, <, 또는 = 를 넣으세요.

**1.**

원 원

**2.**

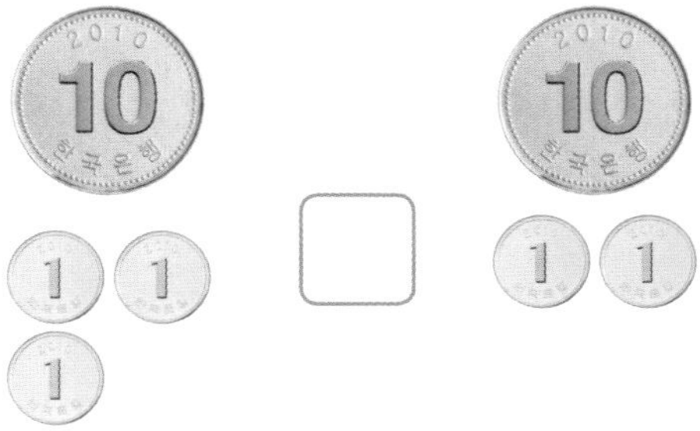

원 원

**3.**

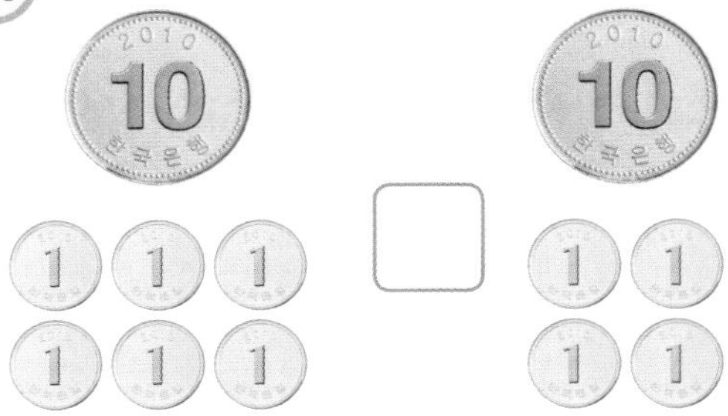

원 원

**4.**

원 원

**3.**

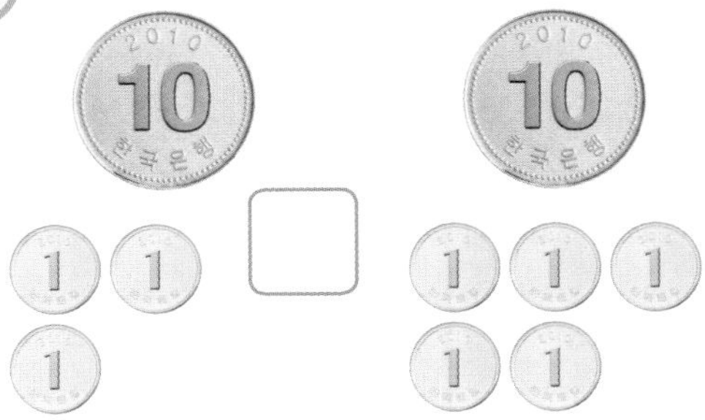

원 원

**4.**

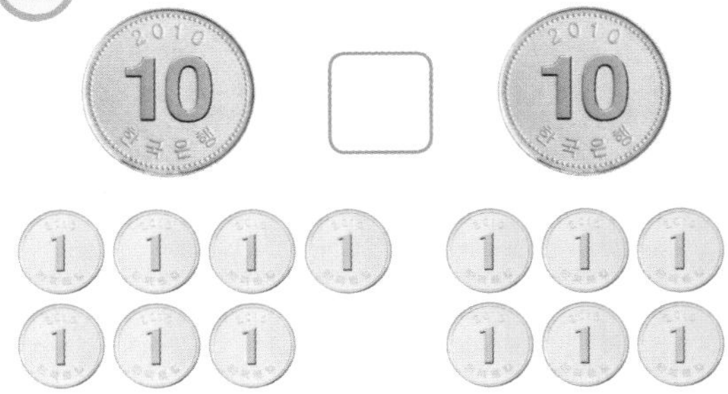

원 원

○ 다음 덧셈과 뺄셈을 해 보세요.

1. 
$5 + 2 = \square$
$3 + 4 = \square$
$6 + 1 = \square$
$2 + 7 = \square$
$4 + 2 = \square$
$3 + 6 = \square$

2. 
$7 - 1 = \square$
$3 - 2 = \square$
$5 - 4 = \square$
$8 - 2 = \square$
$9 - 5 = \square$
$6 - 4 = \square$

3. 
$5 - 1 + 3 = \square$
$6 + 2 - 4 = \square$
$4 - 3 + 6 = \square$
$8 + 1 - 9 = \square$
$7 - 2 - 4 = \square$
$3 + 4 + 3 = \square$

4. 
$7 + 1 = \square$
$2 + 5 = \square$
$6 + 3 = \square$
$4 + 0 = \square$
$3 + 3 = \square$
$2 + 4 = \square$

5. 
$5 - 2 = \square$
$7 - 5 = \square$
$8 - 3 = \square$
$6 - 6 = \square$
$9 - 3 = \square$
$4 - 0 = \square$

6. 
$3 + 4 - 5 = \square$
$1 + 6 + 2 = \square$
$5 - 5 + 5 = \square$
$9 - 4 - 5 = \square$
$3 + 6 - 2 = \square$
$7 - 4 + 3 = \square$

다음 덧셈과 뺄셈을 해 보세요.

**1.**

$12 + 8 = \square$

$8 + 12 = \square$

$20 - 8 = \square$

$20 - 12 = \square$

**2.**

$17 + 3 = \square$

$3 + 17 = \square$

$20 - 3 = \square$

$20 - 17 = \square$

**3.**

$14 + 6 = \square$

$6 + 14 = \square$

$20 - 6 = \square$

$20 - 14 = \square$

**4.**

$16 + 3 = \square$

$12 + 8 = \square$

$17 + 2 = \square$

$14 + 5 = \square$

**5.**

$17 - 2 = \square$

$19 - 5 = \square$

$16 - 4 = \square$

$18 - 7 = \square$

**6.**

$15 - 13 = \square$

$20 - 15 = \square$

$19 - 16 = \square$

$17 - 13 = \square$

**7.**

$13 + 5 = \square$

$17 + 3 = \square$

$14 + 3 = \square$

$15 + 5 = \square$

**8.**

$18 - 3 = \square$

$20 - 9 = \square$

$16 - 6 = \square$

$14 - 1 = \square$

**9.**

$16 - 13 = \square$

$19 - 11 = \square$

$17 - 17 = \square$

$18 - 12 = \square$

**10.**

$12 + 5 = \square$

$16 + 4 = \square$

$18 + 2 = \square$

$14 + 5 = \square$

**11.**

$17 - 4 = \square$

$12 - 2 = \square$

$15 - 3 = \square$

$19 - 7 = \square$

**12.**

$15 - 12 = \square$

$19 - 13 = \square$

$13 - 10 = \square$

$18 - 15 = \square$

덧셈과 뺄셈의 답을 보고, □ 안에 어떤 수가 와야 할지, 알맞은 수를 찾아 선으로 이으세요.

$16 - 2 - \square = 10$ • • 5

$19 - 4 - \square = 10$ • • 3

$14 - 1 - \square = 10$ • • 7

$19 - 2 - \square = 10$ • • 2

$15 - 3 - \square = 10$ • • 4

4 • • $12 + \square = 19$

7 • • $15 + \square = 19$

9 • • $18 + \square = 19$

5 • • $14 + \square = 19$

1 • • $10 + \square = 19$

뺄셈을 해서 들고 있는 수가 있는 칸을 따라 길을 찾아가 보세요.

6 ➡

| | 10 − 3 | | 11 − 4 | | 12 − 3 | | 12 − 4 | | 19 − 12 |
|---|---|---|---|---|---|---|---|---|---|
| 15 − 10 | | 10 − 5 | | 14 − 4 | | 3 + 3 | | 16 − 11 | |
| | 10 − 5 | | 6 − 1 | | 17 − 12 | | 16 − 11 | | 18 − 11 |
| 7 − 2 | | 12 − 6 | | 15 − 10 | | 14 − 10 | | 16 − 11 | |
| | 11 − 5 | | 18 − 12 | | 17 − 11 | | 9 − 3 | | 12 − 2 |
| 10 − 4 | | 10 − 5 | | 10 − 4 | | 16 − 10 | | 11 − 5 | |
| | 12 − 5 | | 8 − 3 | | 19 − 11 | | 8 − 4 | | 12 − 6 |

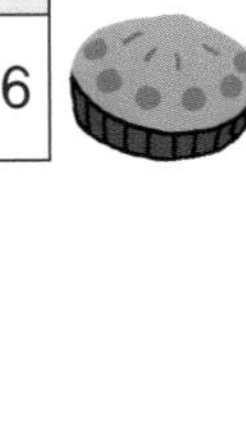

➡

| 15 − 11 | | 15 − 10 | | 12 − 10 | | 11 − 3 | | 11 − 5 | |
|---|---|---|---|---|---|---|---|---|---|
| | 11 − 2 | | 12 − 6 | | 10 − 5 | | 17 − 10 | | 16 − 10 |
| 12 − 7 | | 15 − 10 | | 18 − 13 | | 9 − 4 | | 9 − 5 | |
| | 10 − 5 | | 11 − 6 | | 16 − 10 | | 12 − 7 | | 16 − 11 |
| 10 − 3 | | 12 − 9 | | 19 − 10 | | 12 − 5 | | 8 − 3 | |
| | 16 − 10 | | 17 − 11 | | 10 − 6 | | 11 − 3 | | 11 − 4 |
| 7 + 2 | | 10 − 4 | | 12 − 8 | | 5 + 0 | | 11 − 7 | |

◎ 다음 덧셈과 뺄셈을 해 보세요.

| | | | |
|---|---|---|---|
| $5+4+4$ | $=\square$ | $9+9-3$ | $=\square$ |
| $10+5-8$ | $=\square$ | $18-9-7$ | $=\square$ |
| $3+6-5$ | $=\square$ | $16-12+1$ | $=\square$ |
| $7+7-14$ | $=\square$ | $10+7-8$ | $=\square$ |
| $1+9-4$ | $=\square$ | $3+5+4$ | $=\square$ |
| $6+5+8$ | $=\square$ | $16+1-9$ | $=\square$ |
| $20-11-6$ | $=\square$ | $20-3-7$ | $=\square$ |
| $15-7-7$ | $=\square$ | $7+4+3$ | $=\square$ |
| $13+6-3$ | $=\square$ | $9+2+6$ | $=\square$ |

◎ 수의 순서대로 이어 보세요.

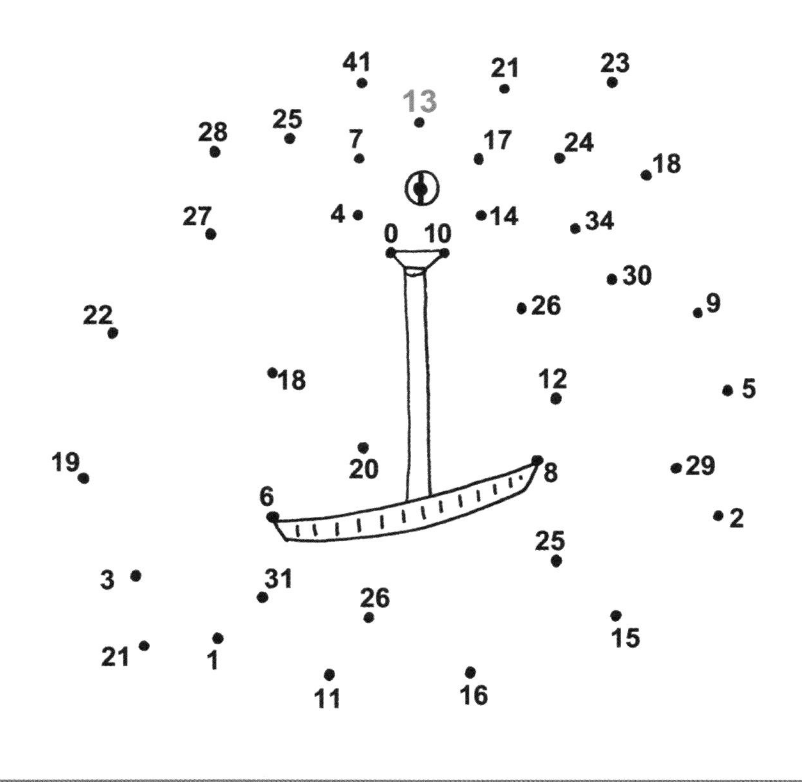

◦ 다음 덧셈과 뺄셈을 해 보세요.

| | |
|---|---|
| $2+2+6=\square$ | $16-5-4=\square$ |
| $17-3+6=\square$ | $15-8-6=\square$ |
| $20-5-6=\square$ | $4+4+9=\square$ |
| $18-6-9=\square$ | $11-3-2=\square$ |
| $6+6+7=\square$ | $7+4-11=\square$ |
| $10+10-5=\square$ | $1+12-8=\square$ |
| $15-5-2=\square$ | $7+7+2=\square$ |
| $19-11-6=\square$ | $9+3-8=\square$ |

◦ 수의 순서대로 이어 보세요.

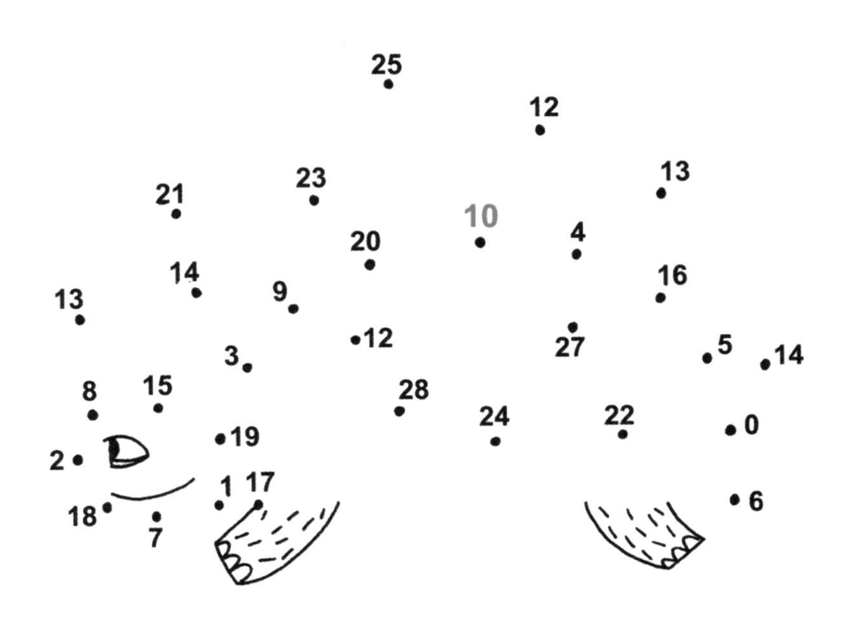

◐ 순서대로 있는 수를 더해서 **9**가 되도록 빈 곳에 알맞은 수를 쓰세요.

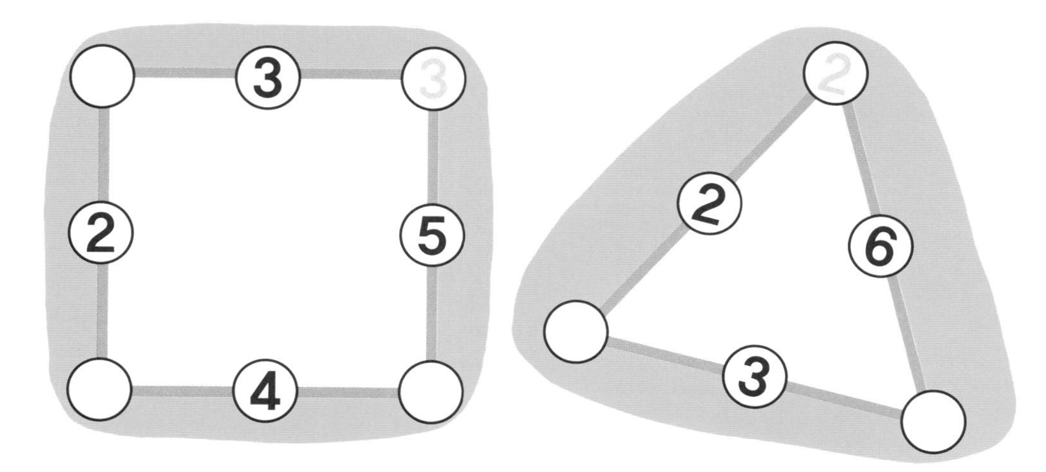


◐ 순서대로 있는 수를 더해서 **10**이 되도록 빈 곳에 알맞은 수를 쓰세요.

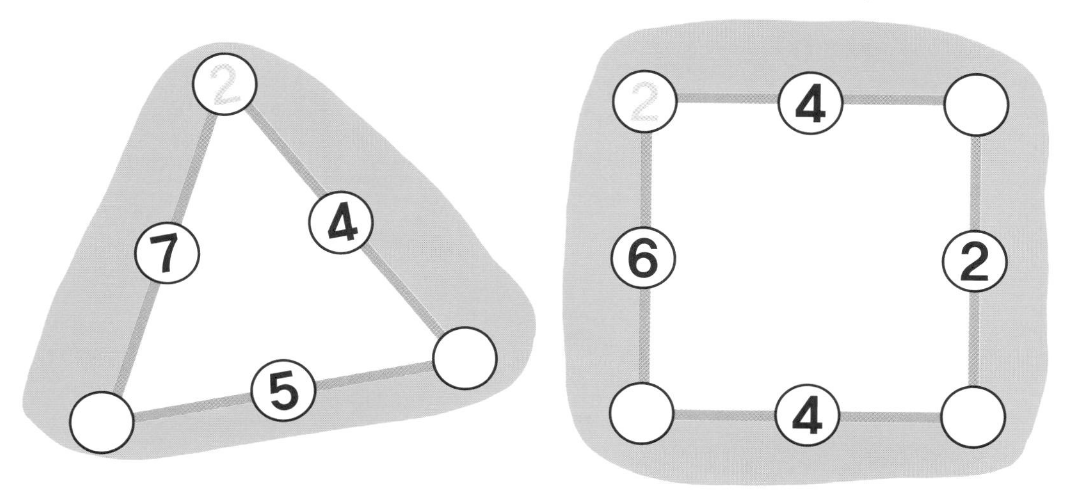


◐ 순서대로 있는 수를 더해서 **17**이 되도록 빈 곳에 알맞은 수를 쓰세요.

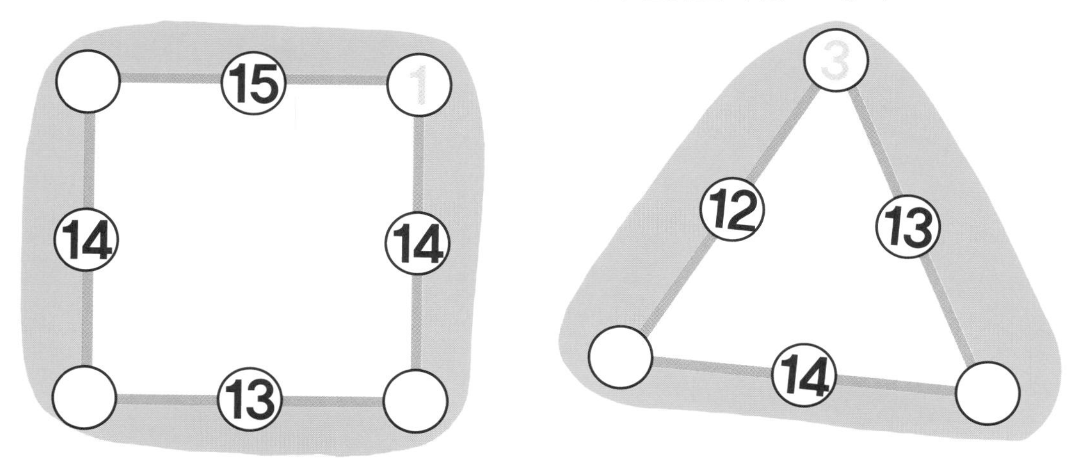

모양에는 어떤 수가 와야 할까요? 맞는 수가 있는 모양을 찾아 이어주세요.

7 + 3 + ☐ = 15 • • 4

4 + 7 + ☐ = 15 • • 5

8 + 4 + ☐ = 15 • • 6

2 + 7 + ☐ = 15 • • 2

9 + 4 + ☐ = 15 • • 3

10 • • 8 + 2 + ☐ = 17

9 • • 5 + 2 + ☐ = 17

4 • • 4 + 4 + ☐ = 17

7 • • 9 + 3 + ☐ = 17

5 • • 8 + 5 + ☐ = 17

빨셈을 해서 그릇과 과일을 이어주세요.

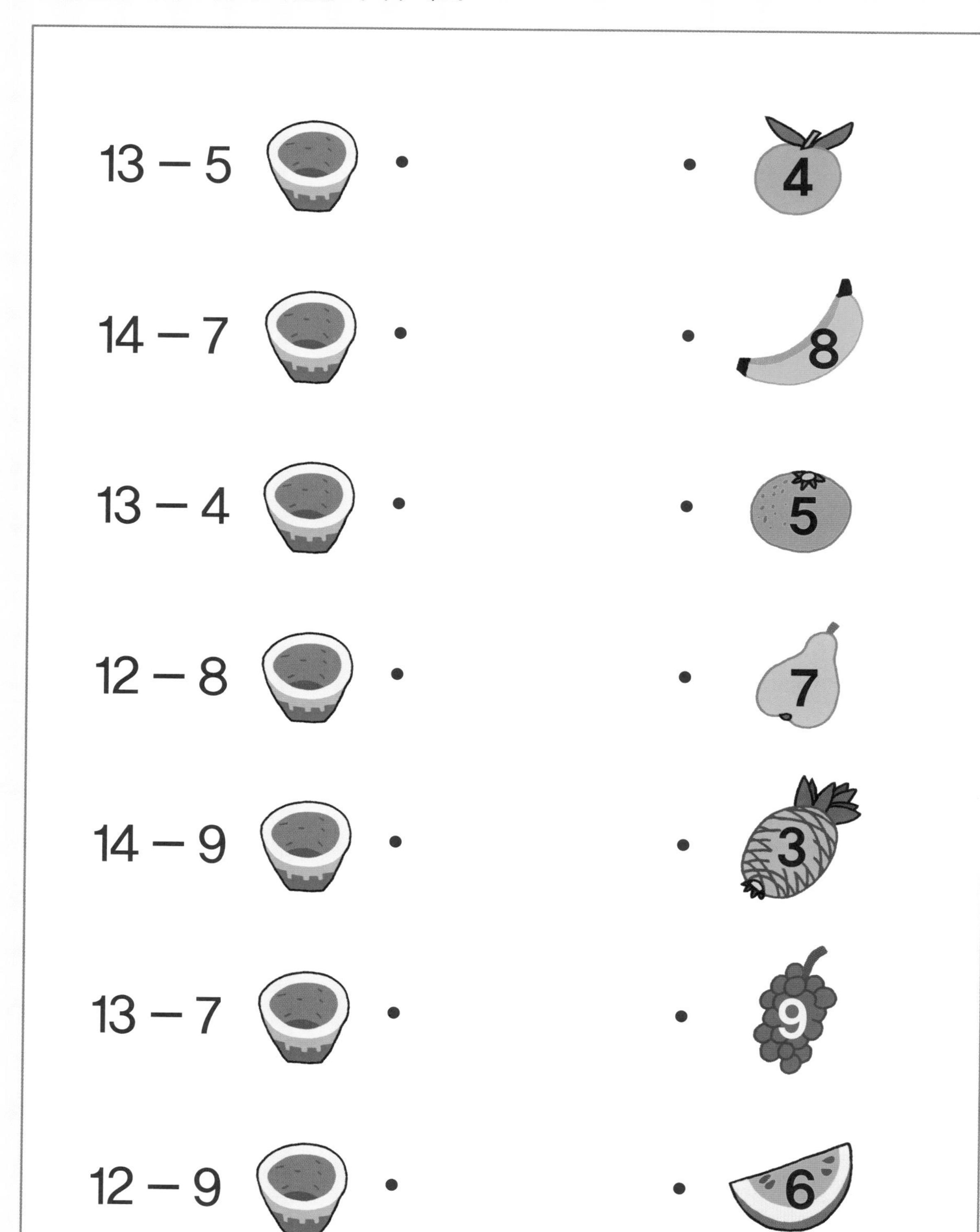

냉장고 자석을 사려고 해요. 사고 나면 돈이 얼마 남을까요? □ 안에 쓰세요.

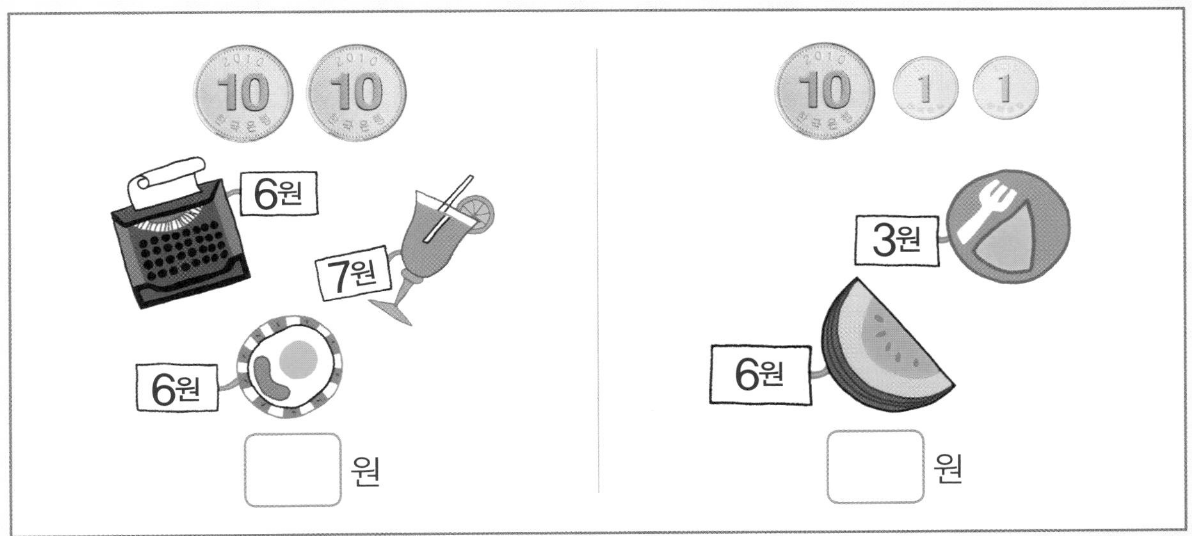


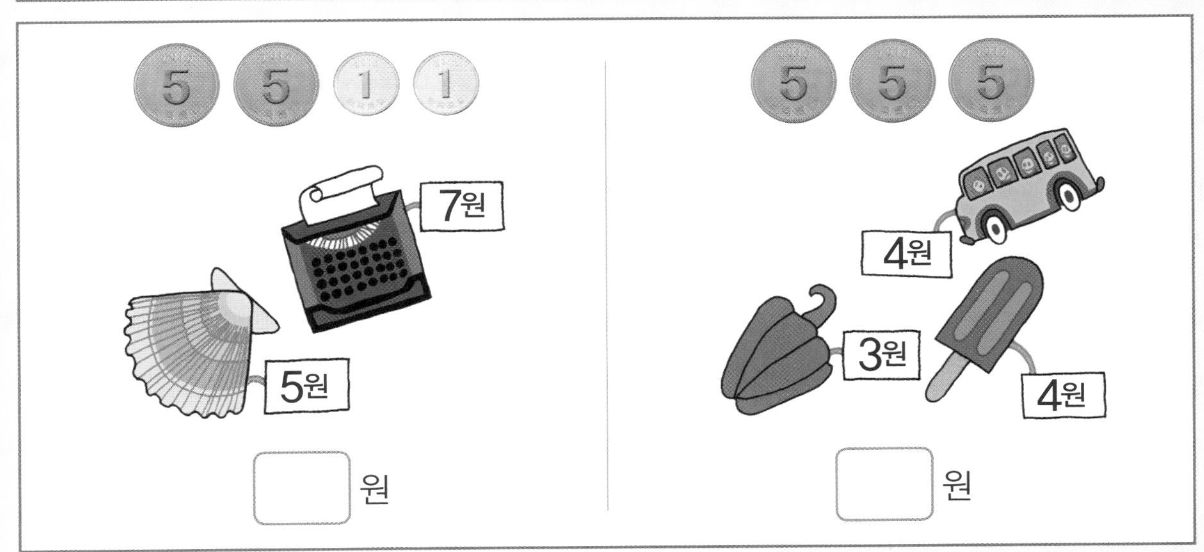

♥ 모양에는 어떤 수가 와야 할까요? 맞는 수가 있는 모양을 찾아 이어주세요.

| | |
|---|---|
| 14 − 4 − ♥ = 6 • | • ♥3 |
| 12 − 3 − ♥ = 6 • | • ♥0 |
| 11 − 5 − ♥ = 6 • | • ♥4 |
| 13 − 5 − ♥ = 6 • | • ♥2 |
| 10 − 3 − ♥ = 6 • | • ♥1 |

| | |
|---|---|
| ♥3 • | • 15 − 6 − ♥ = 7 |
| ♥0 • | • 13 − 5 − ♥ = 7 |
| ♥6 • | • 14 − 4 − ♥ = 7 |
| ♥2 • | • 11 − 4 − ♥ = 7 |
| ♥1 • | • 16 − 3 − ♥ = 7 |

덧셈과 뺄셈의 답이 같은 것끼리 이으세요.

처음 수에서 ◯의 수만큼 더하거나 빼 보세요.

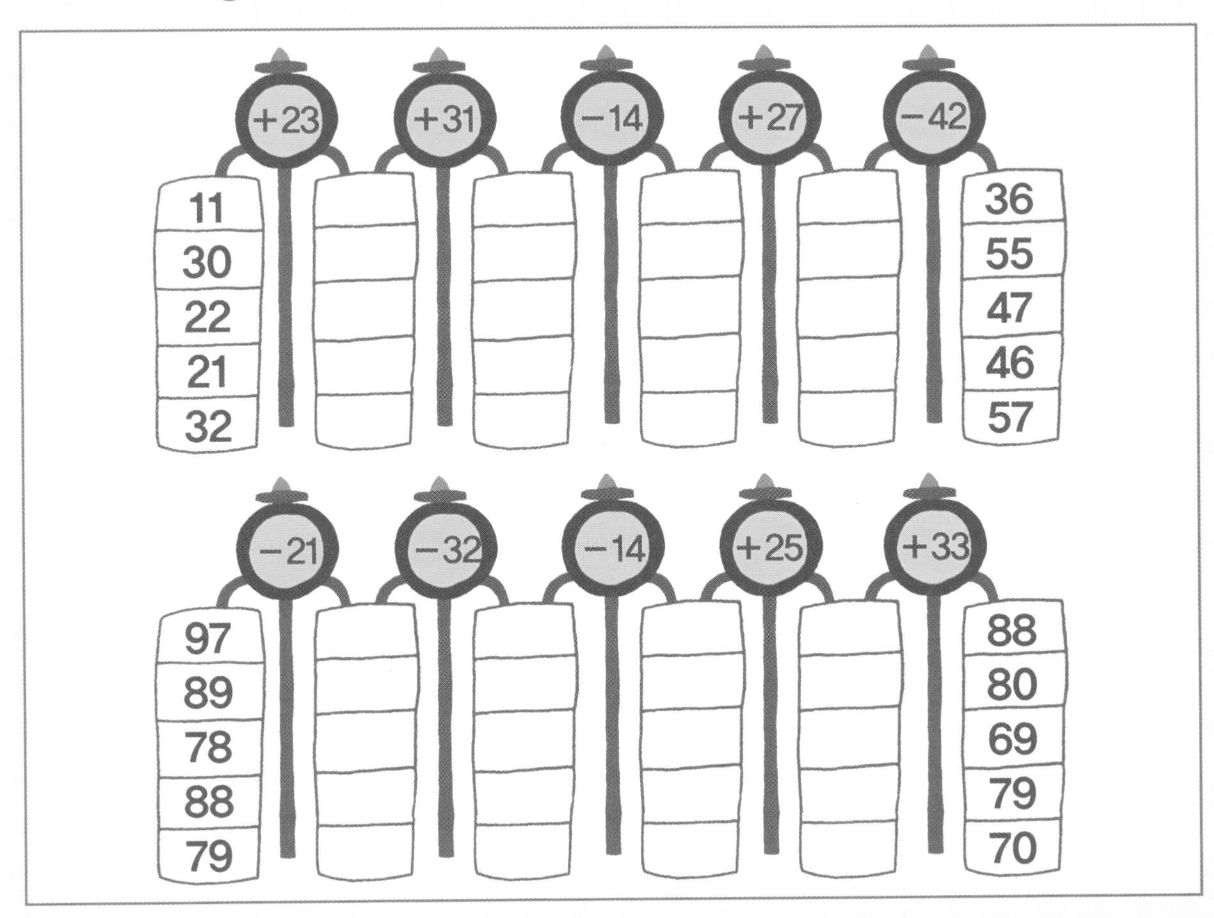

□는 어떤 모양일까요? 규칙에 맞게 □ 안에 그리세요.

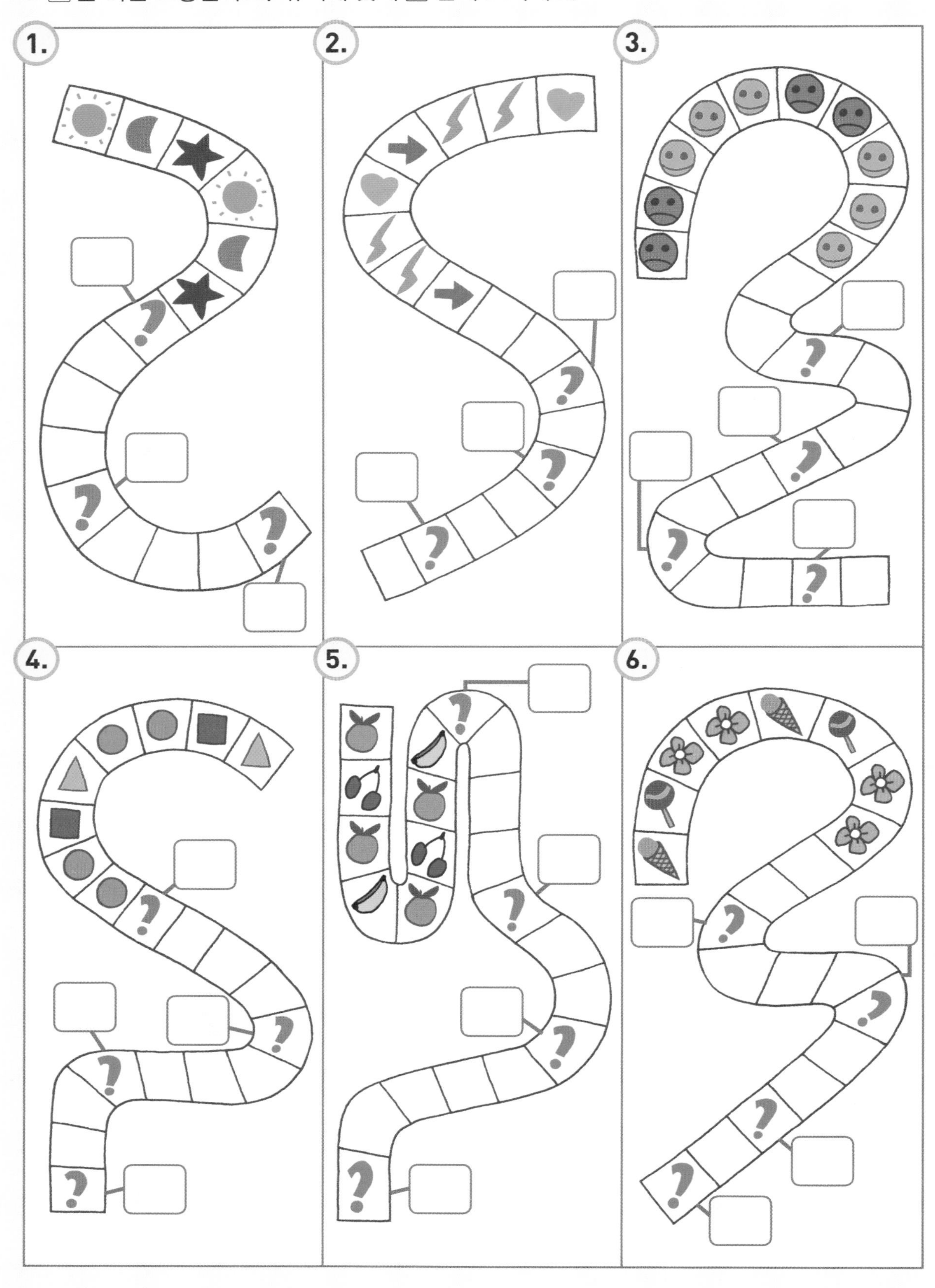

1부터 77까지 숫자를 순서대로 선으로 이으세요.

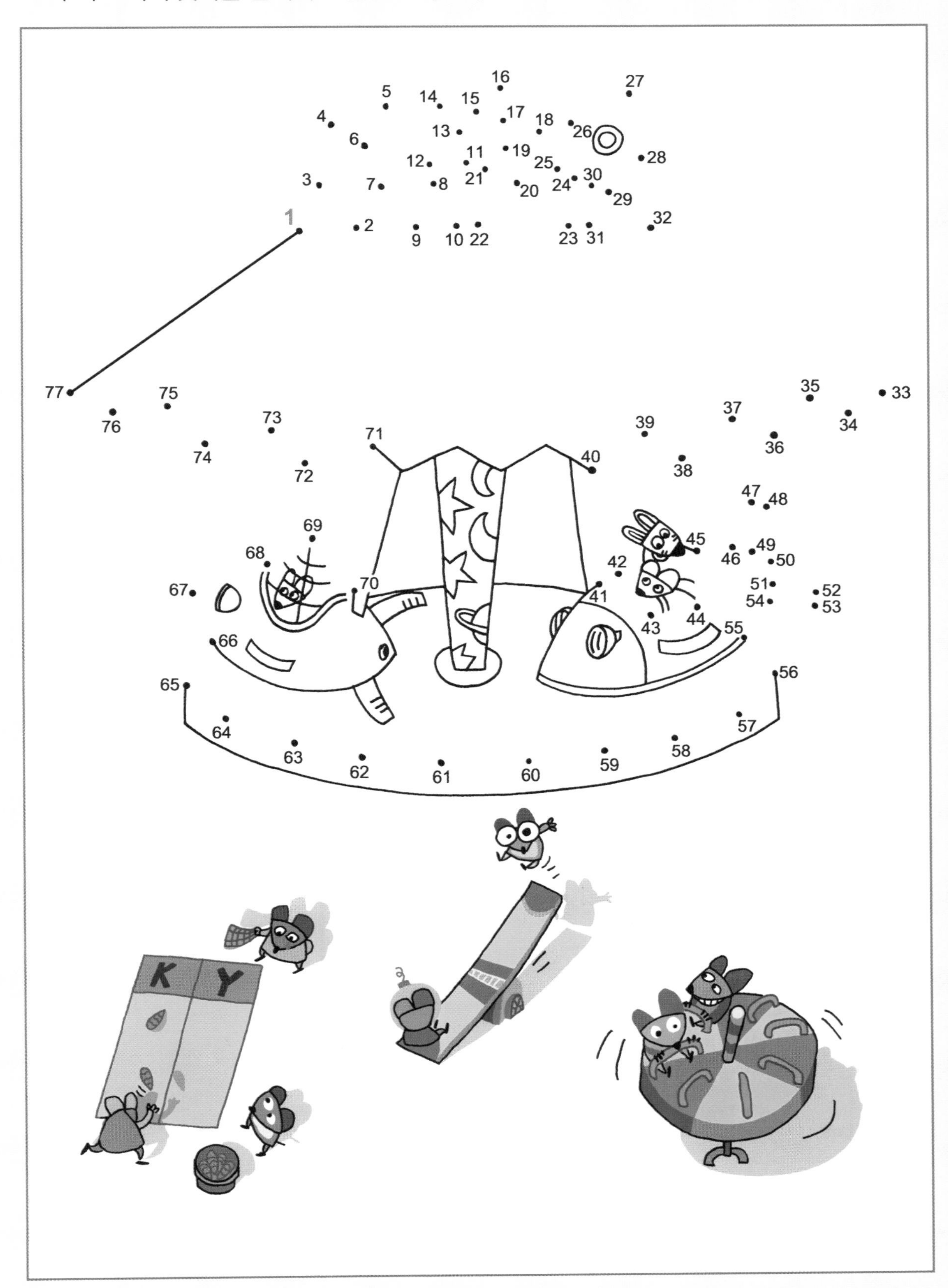

십의 자리와 일의 자리에는 어떤 수가 들어갈까요? 개수를 세어서 자리에 알맞은 수를 쓰세요.

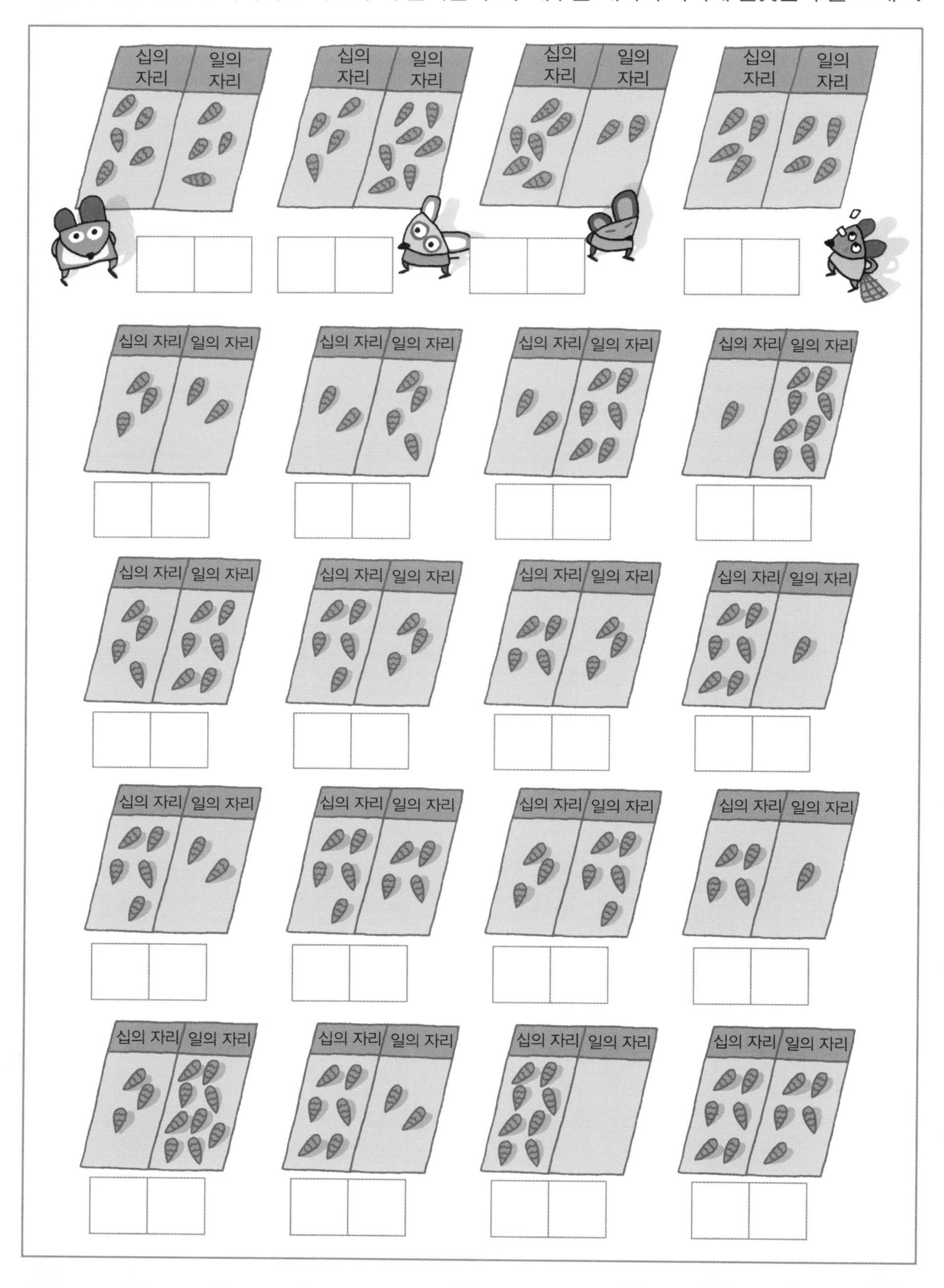

십의 자리의 수가 8인 수를 모두 찾아 ○표 하세요.

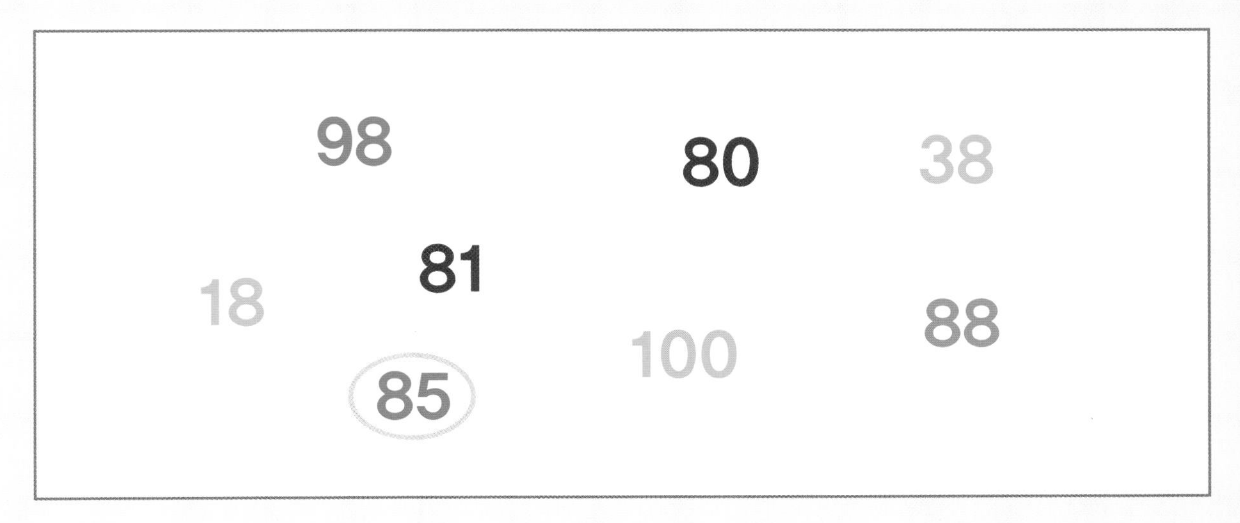


일의 자리의 수가 0인 수를 모두 찾아 ○표 하세요.

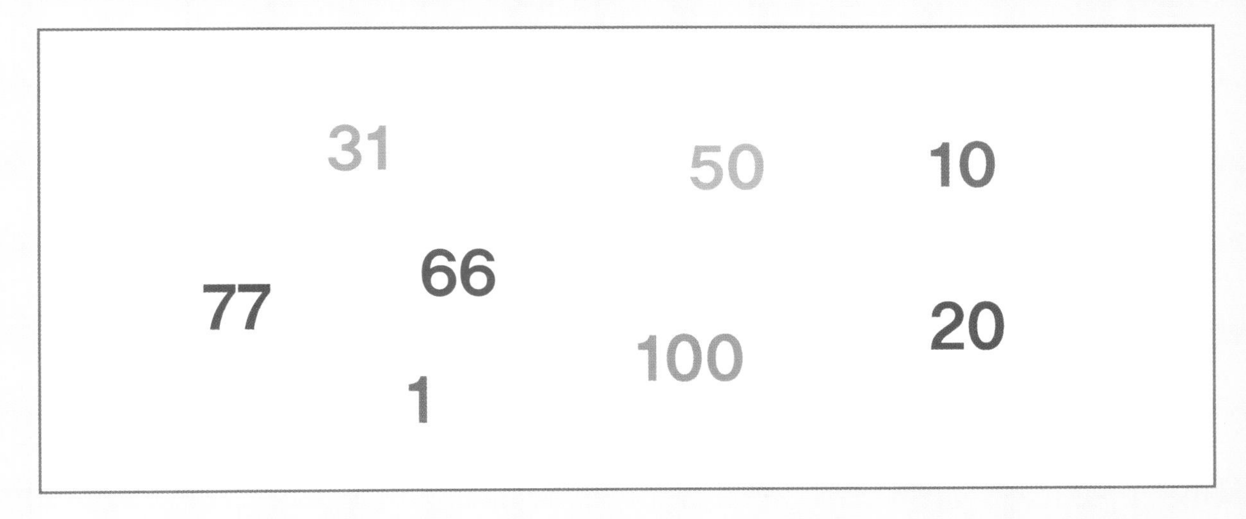


일의 자리가 다른 수가 하나 있습니다. 어떤 수인지 찾아서 ○표 하세요.

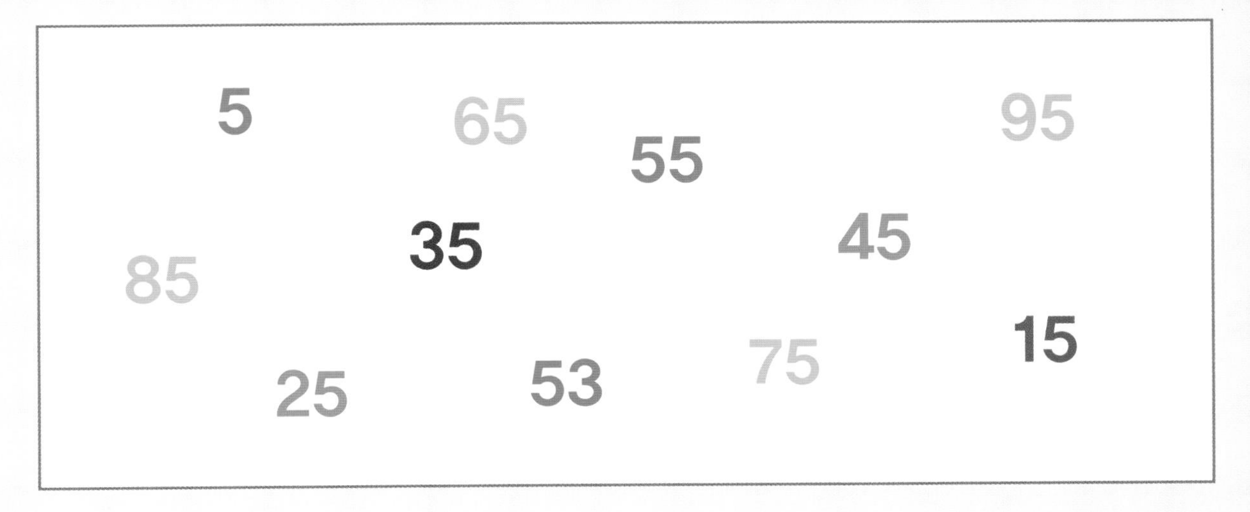

수의 순서에 맞게 빈 칸에 알맞은 수를 쓰세요.

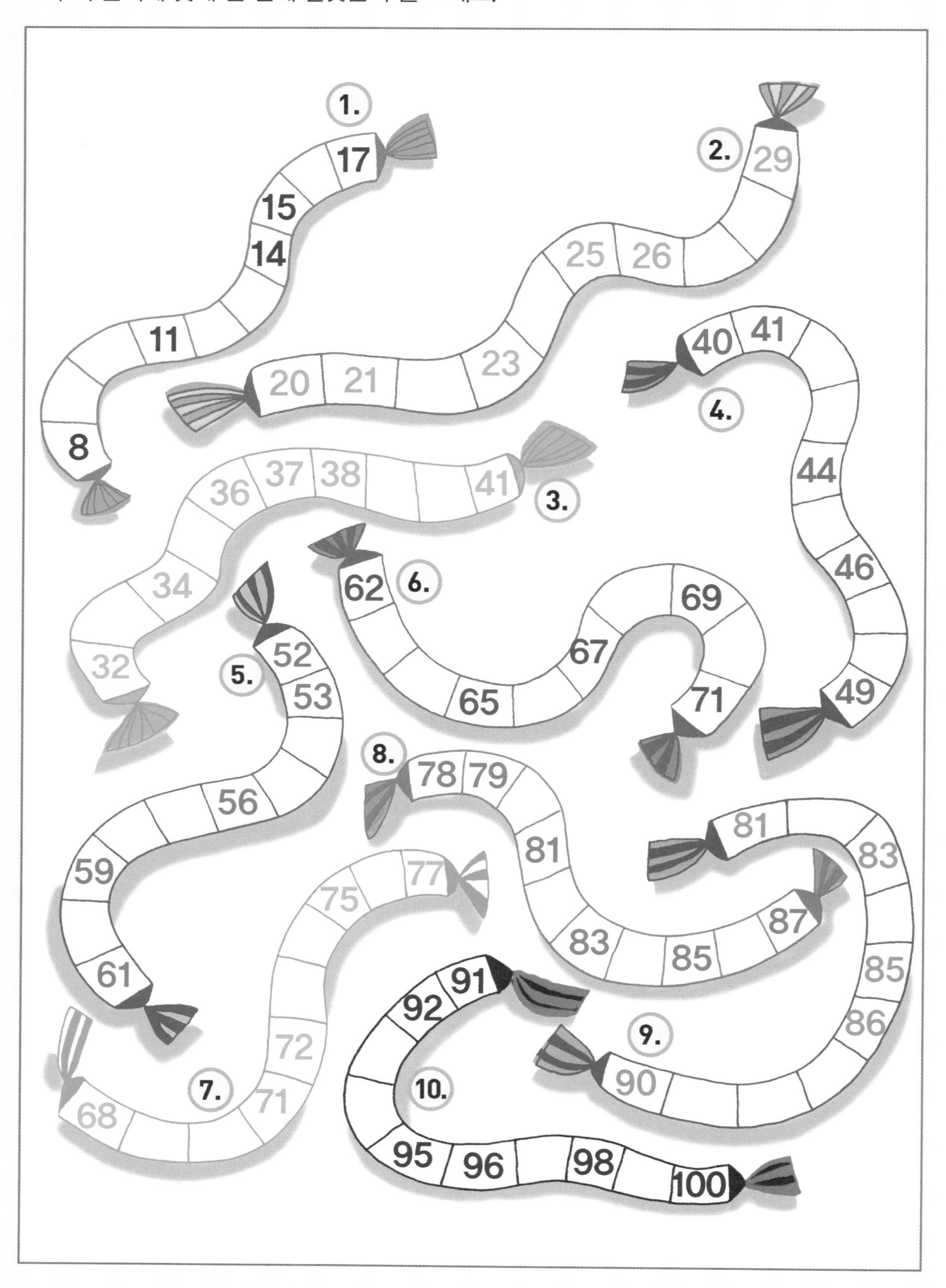

모양이 몇 개 있을지 어림해서 가까운 수에 ○표 하세요.

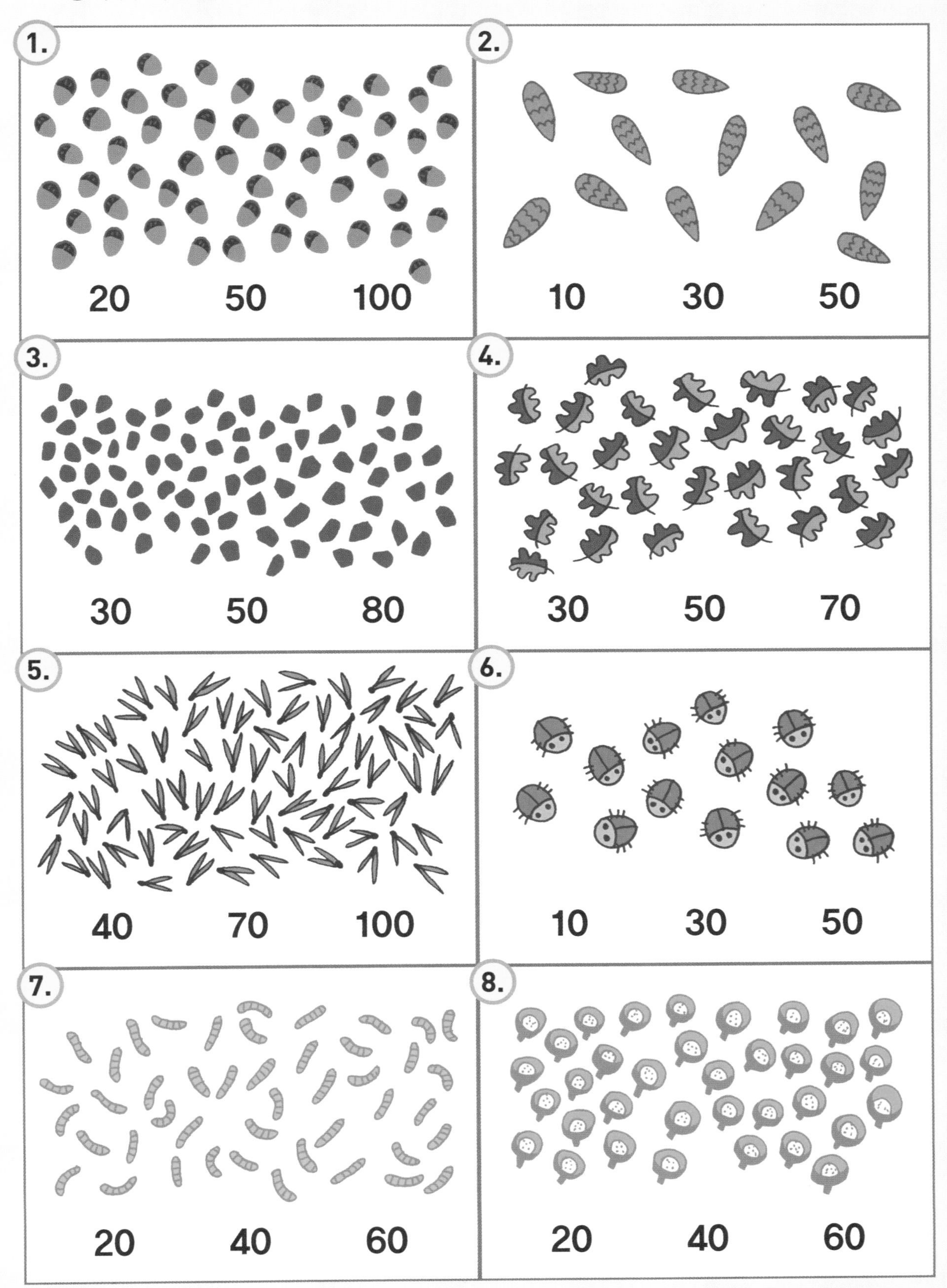

◐ 돈의 액수를 보고, □ 안에 쓰세요.

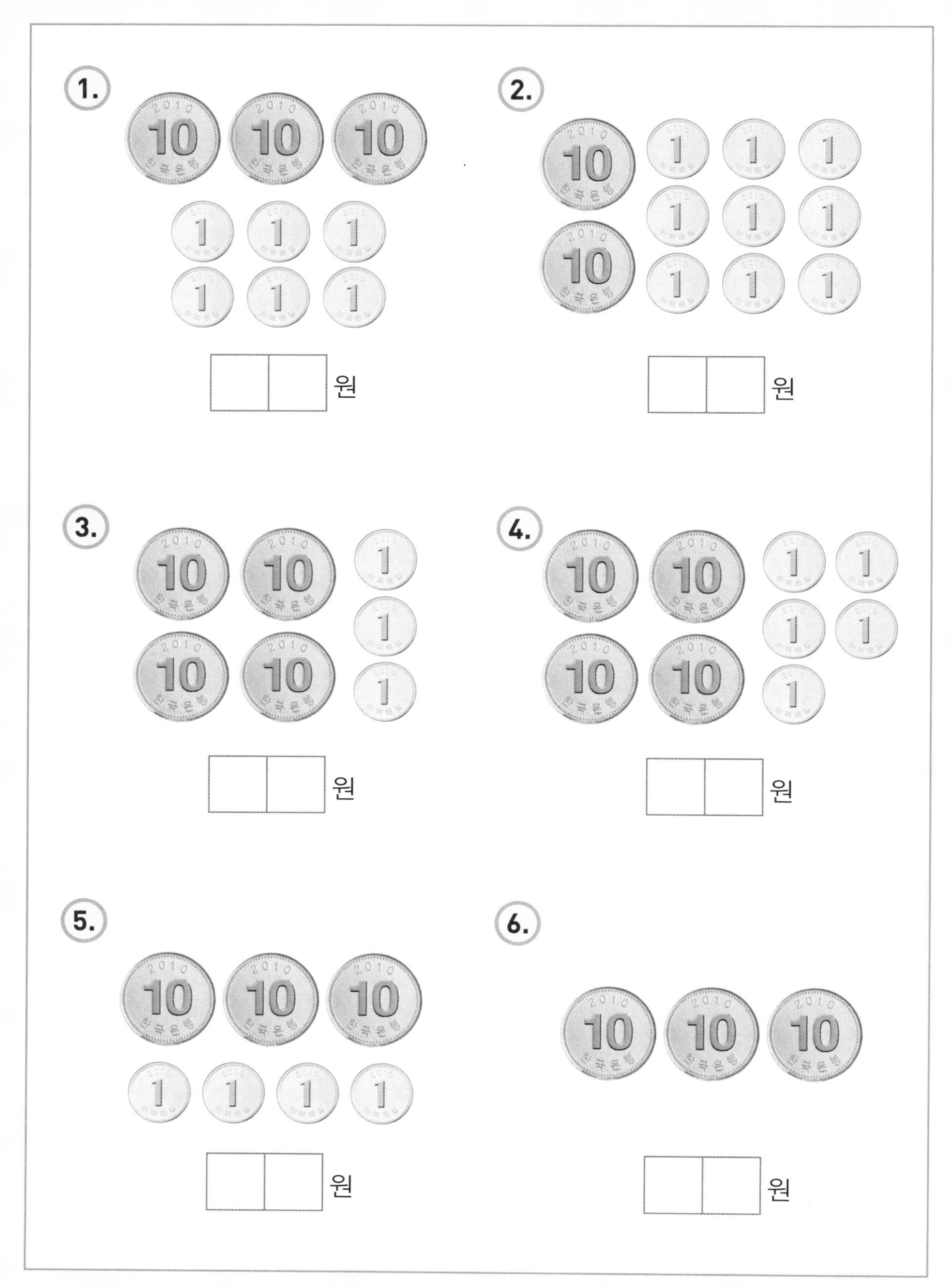

두 수를 비교해서 >, <, = 를 □ 안에 넣으세요.

| | | | | | |
|---|---|---|---|---|---|
| 11 | □ | 21 | 49 | □ | 50 |
| 20 | □ | 2 | 82 | □ | 28 |
| 69 | □ | 69 | 70 | □ | 47 |
| 41 | □ | 14 | 55 | □ | 55 |
| 33 | □ | 23 | 0 | □ | 1 |

다음 수들을 가장 큰 수 순서대로 나열해 주세요.

**36 27 56 39 40**

| | | | | |
|---|---|---|---|---|
| | | | | |

다음 수들을 가장 작은 수 순서대로 나열해 주세요.

**69 93 87 78 96**

| | | | | |
|---|---|---|---|---|
| | | | | |

◎ 기둥 모양에는 ○표를, 뿔 모양에는 △표를 하세요.

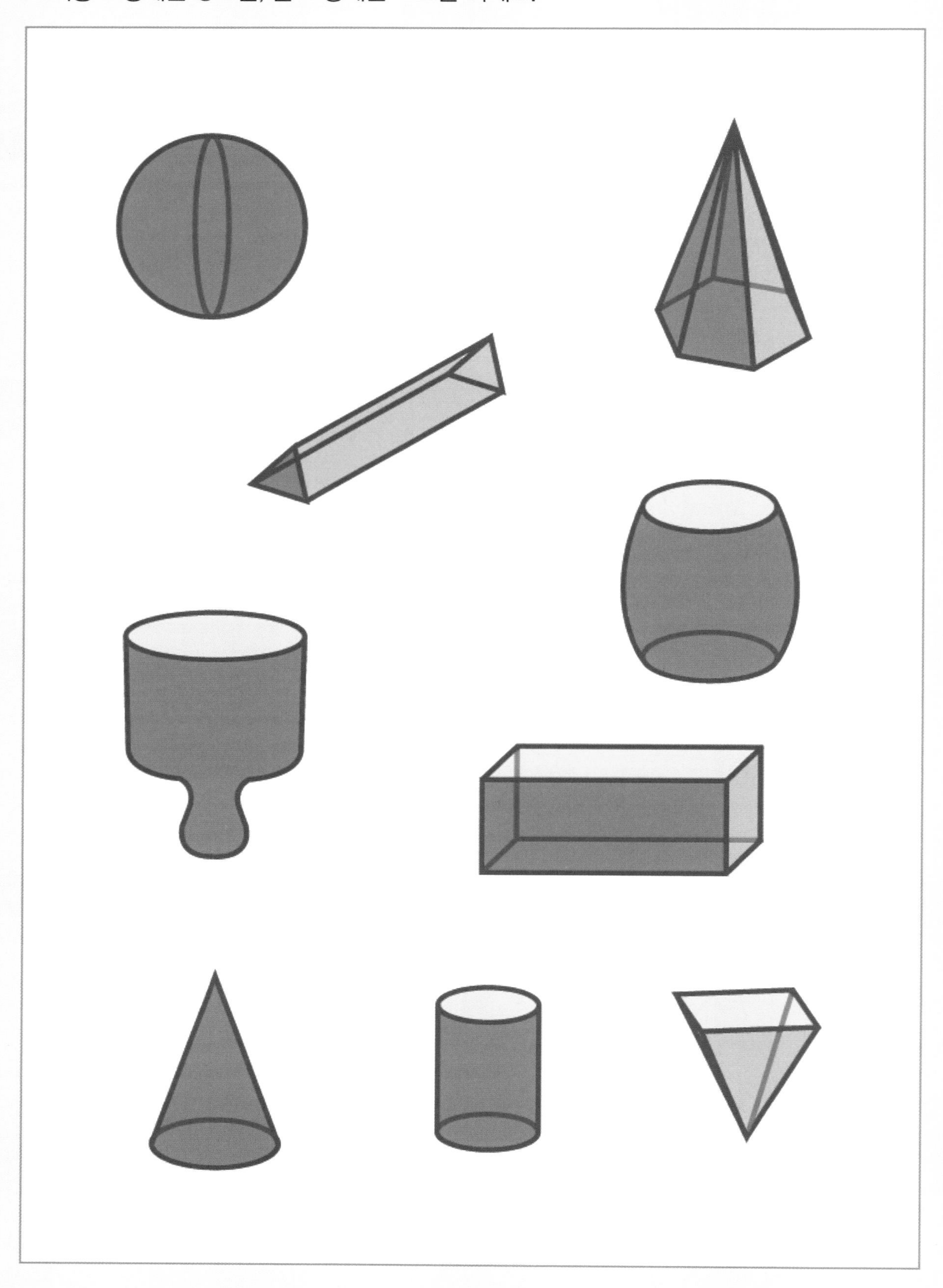

입체 도형을 펼치면 어떤 모양일까요? 펼친 모양을 찾아서 선으로 이어보세요.

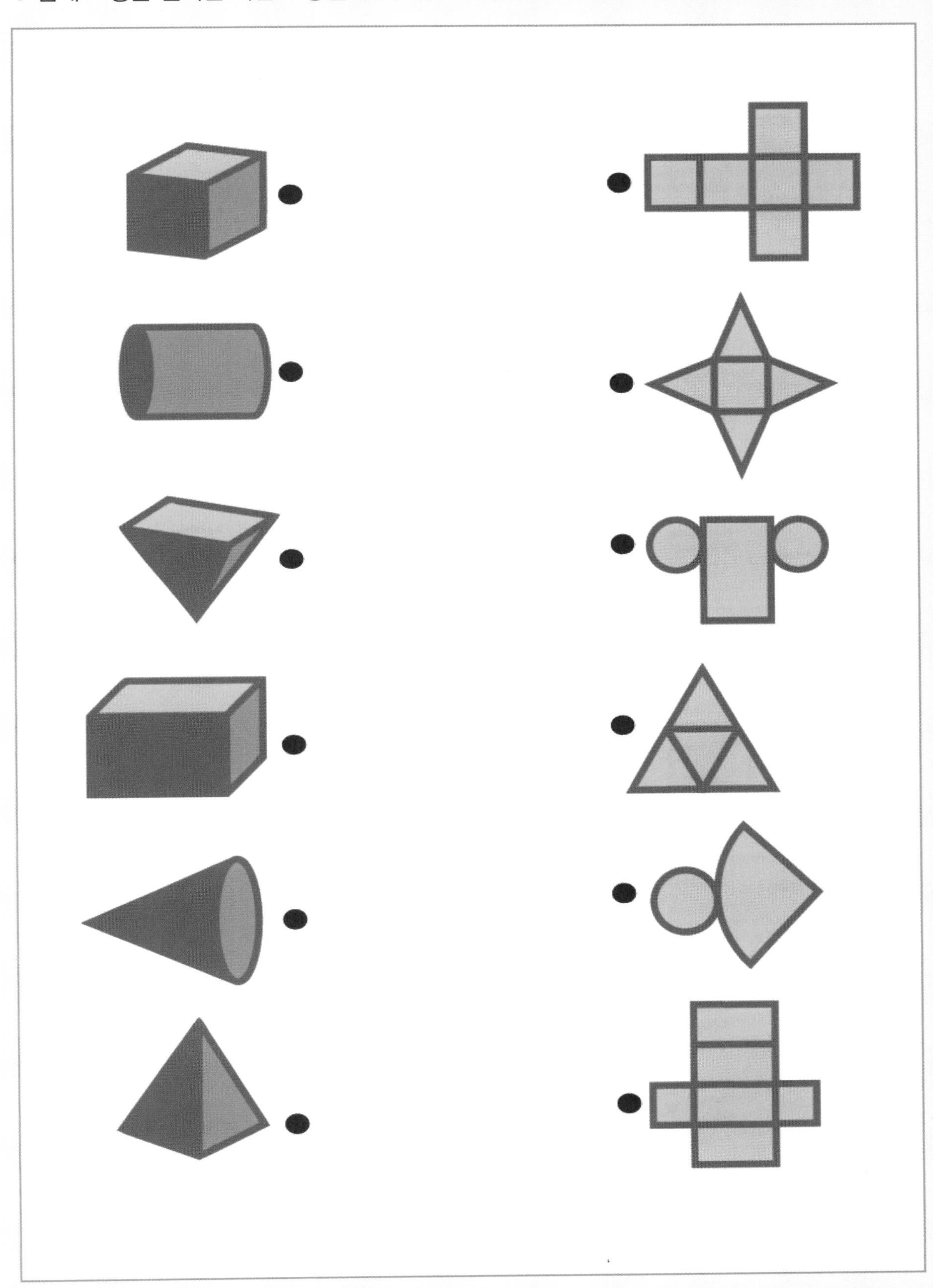

입체 도형을 만든 막대를 나누면 어떻게 될까요? 찾아서 선으로 이어보세요.

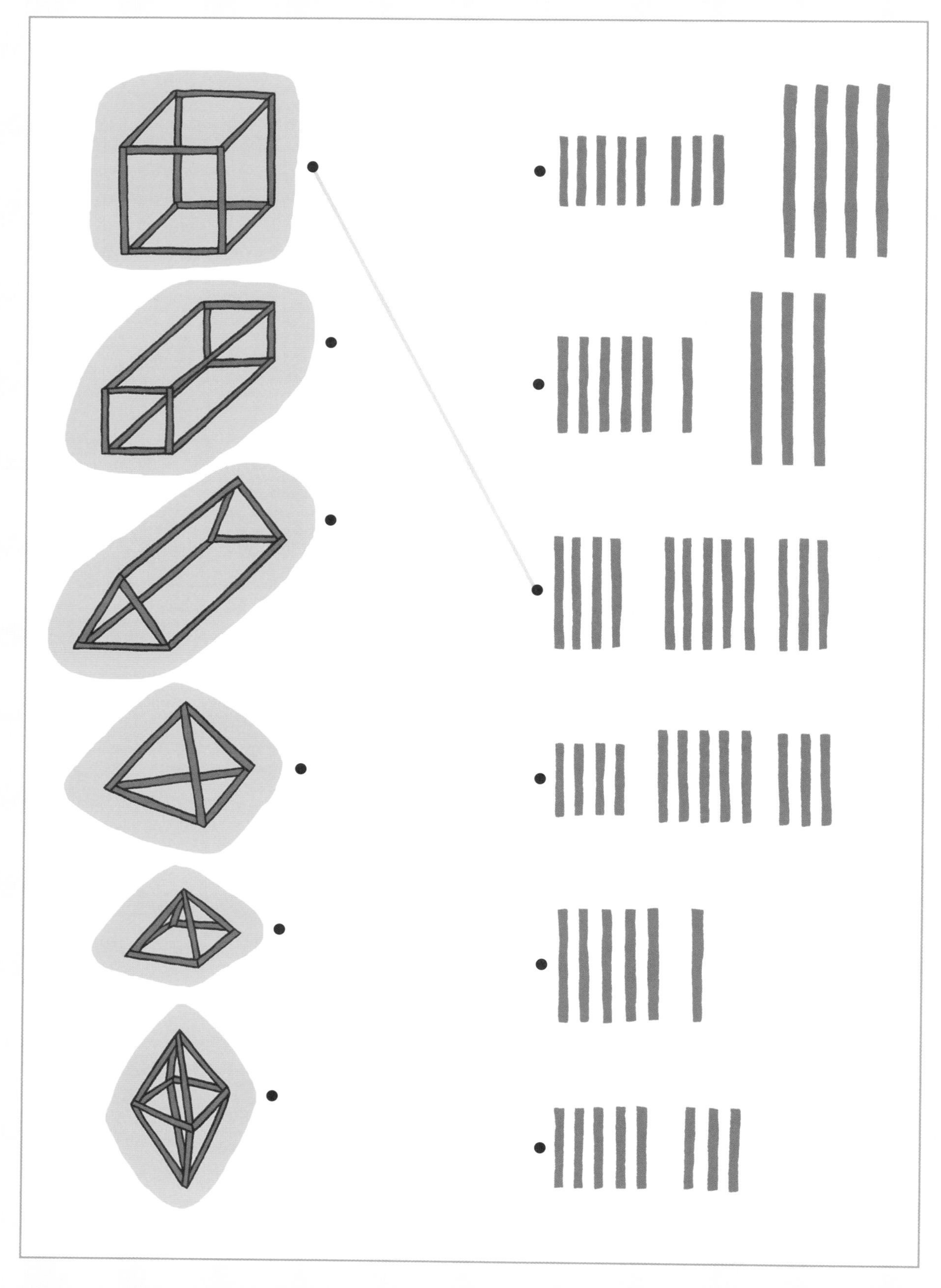

길이가 몇 센티미터인지 자로 재 보세요.

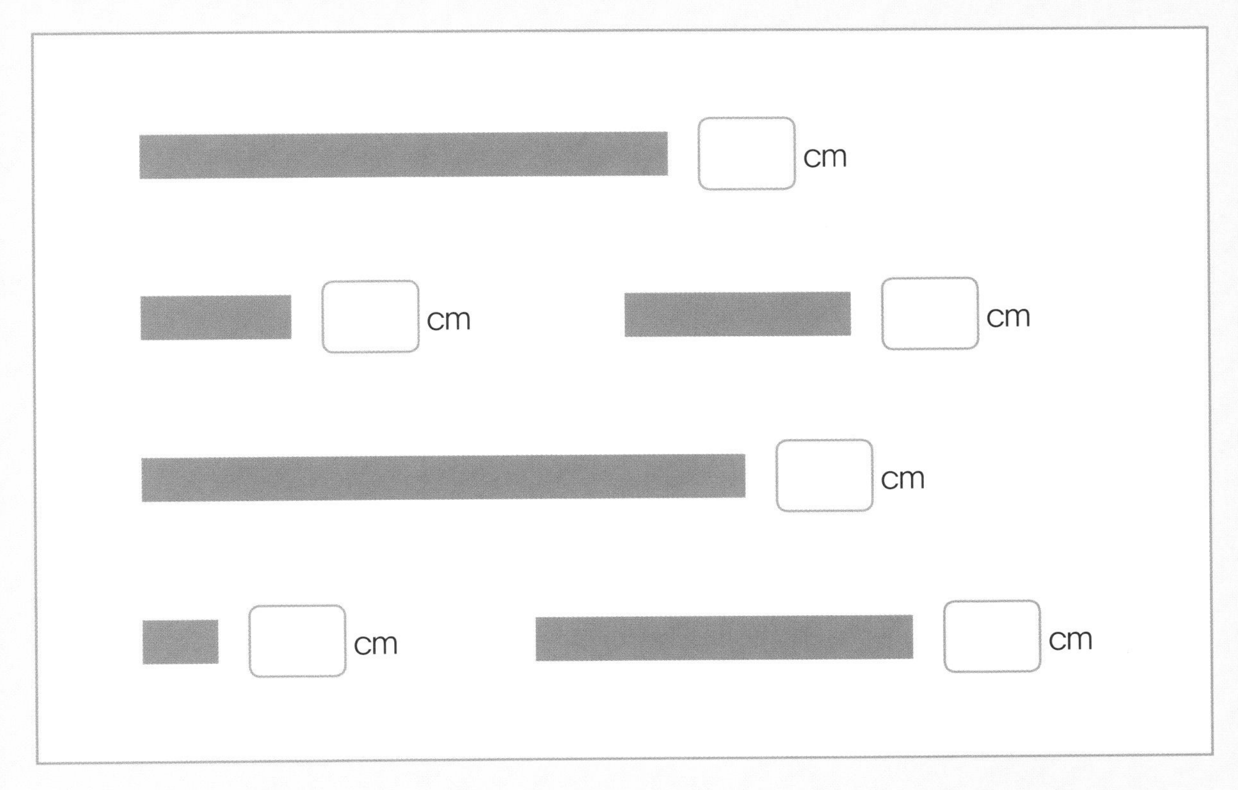


길이가 몇 센티미터인지 자로 재 보세요.

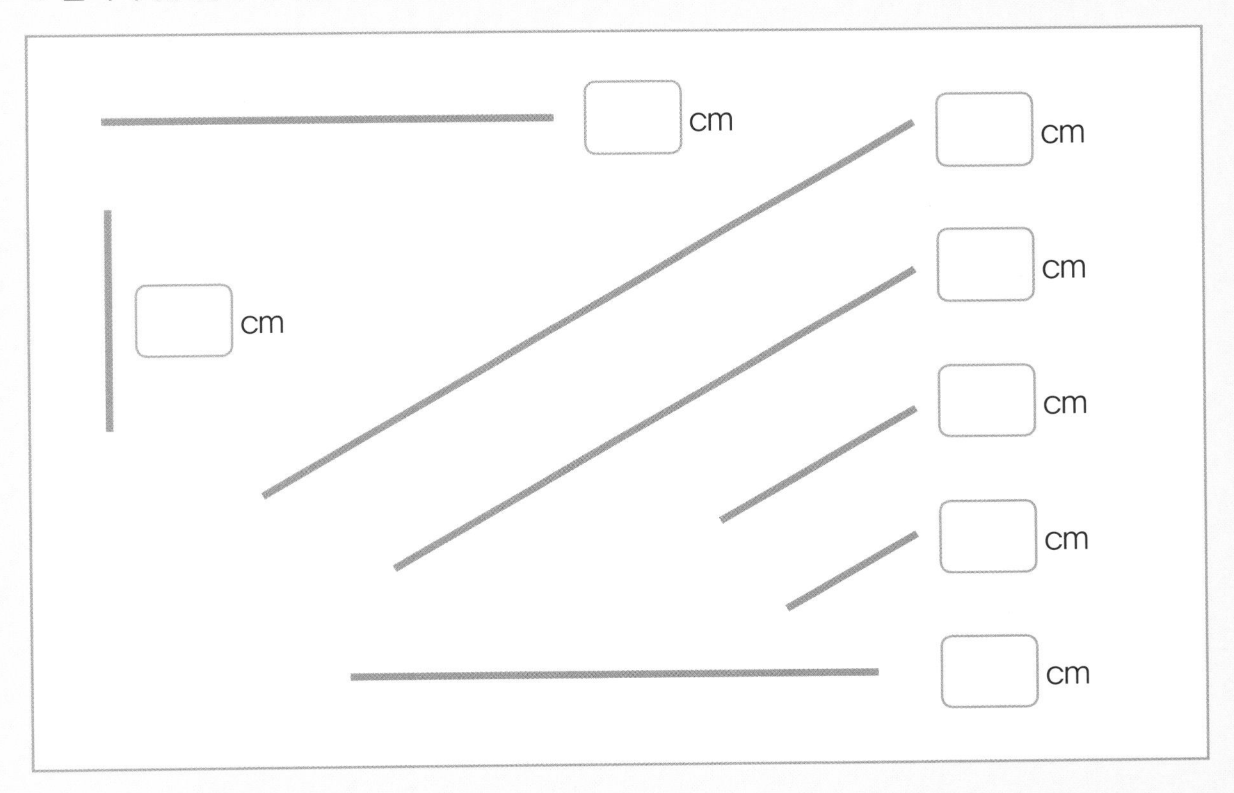

● 서로 같은 모양끼리 선으로 이어보세요.

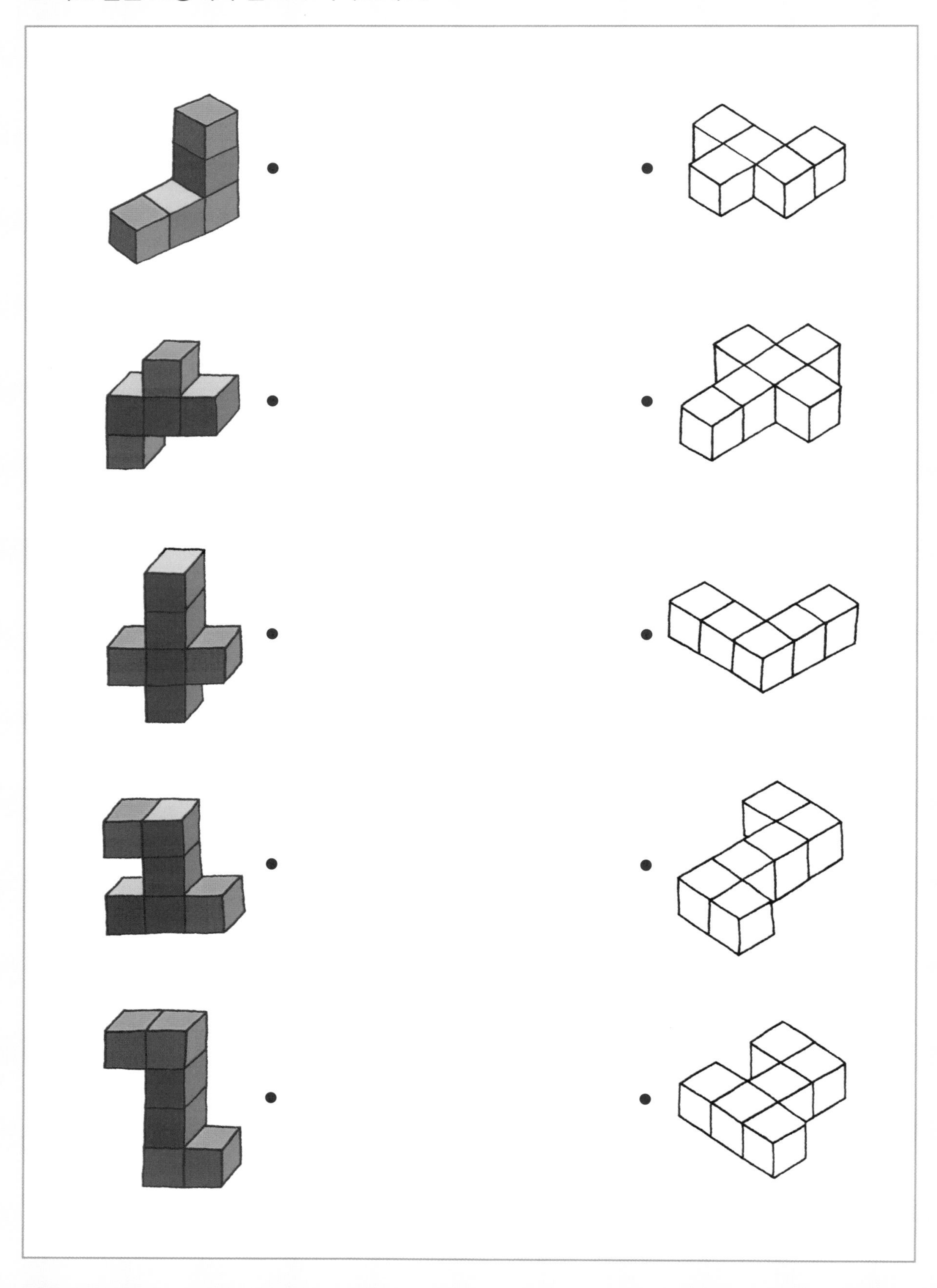

# 해답

**2쪽**

12, 17, 20

**3쪽**

13, 20, 17, 20, 19, 15, 18, 16

**4쪽**

<, =, >, <, >, <, >, > / 20, 18, 14, 13, 9 /
15, 11, 10, 5, 0 / <, >, =, =, <, =, <, > /
6, 9, 10, 11, 14 / 12, 13, 15, 17, 18

**5쪽**

2 < 4 / 13 > 12 / 16 > 14 /
14 > 13 / 13 < 15 / 17 > 16

**6쪽**

1 : 7, 7, 7, 9, 6, 9 / 2 : 6, 1, 1, 6, 4, 2 /
3 : 7, 4, 7, 0, 1, 10 / 4 : 8, 7, 9, 4, 6, 6 /
5 : 3, 2, 5, 0, 6, 4 / 6 : 2, 9, 5, 0, 7, 6

**7쪽**

1 : 20, 20, 12, 8 / 2 : 20, 20, 17, 3 / 3 : 20, 20, 14, 6 /
4: 19, 20, 19, 19 / 5 : 15, 14, 12, 11 / 6 : 2, 5, 3, 4 /
7 : 18, 20, 17, 20 / 8 : 15, 11, 10, 13 / 9 : 3, 8, 0, 6 /
10 : 17, 20, 20, 19 / 11 : 13, 10, 12, 12 / 12 : 3, 6, 3, 3

**8쪽**

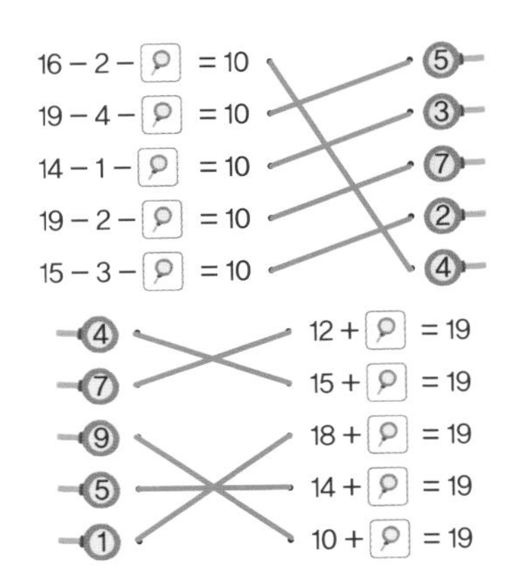


**9쪽**

10−4, 11−5, 12−6, 18−12, 10−4, 17−11, 16−10,
9−3, 11−5, 12−6 / 12−7, 10−5, 15−10, 11−6,
18−13, 10−5, 9−4, 12−7, 8−3, 16−11

**10쪽**

13, 7, 4, 0, 6, 19, 3, 1, 16 / 15, 2, 5, 9, 12, 8, 10, 14, 17

**11쪽**

10, 20, 9, 3, 19, 15, 8, 2 / 7, 1, 17, 6, 0, 5, 16, 4

**12쪽**

3, 3, 4, 1 / 2, 5, 1 / 2, 1, 4 / 2, 4, 2, 4 / 1, 1, 2,
2 / 3, 2, 1

**13쪽**

5, 4, 3, 6, 2 / 7, 10, 9, 5, 4

**14쪽**

8, 7, 9, 4, 5, 6, 3

**15쪽**

9, 9, 7 / 1, 3 / 0, 4

**16쪽**

4, 3, 0, 2, 1 / 2, 1, 3, 0, 6

**17쪽**

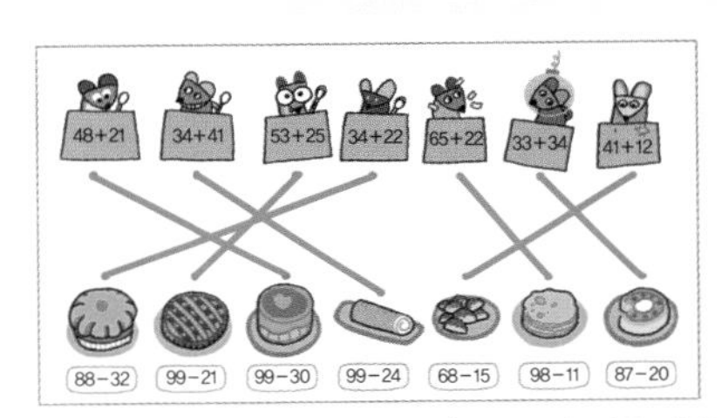


34, 65, 51, 78 / 53, 84, 70, 97 / 45, 76, 62, 89 / 44,
75, 61, 88 / 55, 86, 72, 99 / 76, 44, 30, 55 / 68, 36,
22, 47 / 57, 25, 11, 36 / 67, 35, 21, 46 / 58, 26, 12, 37

**18쪽**

**20쪽**

54, 47, 62, 44, 32, 24, 26, 18, 46, 53, 43, 61,
52, 54, 35, 41, 39, 62, 80, 65

**21쪽**

80, 81, 88 / 10, 20, 50, 100 / 53

22쪽

9, 10, 12, 13, 16 / 22, 24, 27, 28 / 33, 35, 39, 40 / 42, 43, 45, 47, 48 / 54, 55, 57, 58, 60 / 63, 64, 66, 68, 70 / 69, 70, 73, 74, 76 / 80, 82, 84, 86 / 82, 84, 87, 88, 89 / 93, 94, 97, 99

23쪽

50, 10, 80, 30, 70, 10, 40, 40

24쪽

36, 29, 43, 45, 34, 30

25쪽

<, <, >, >, =, >, >, =, >, <
56, 40, 39, 36, 27 / 69, 78, 87, 93, 96

26쪽

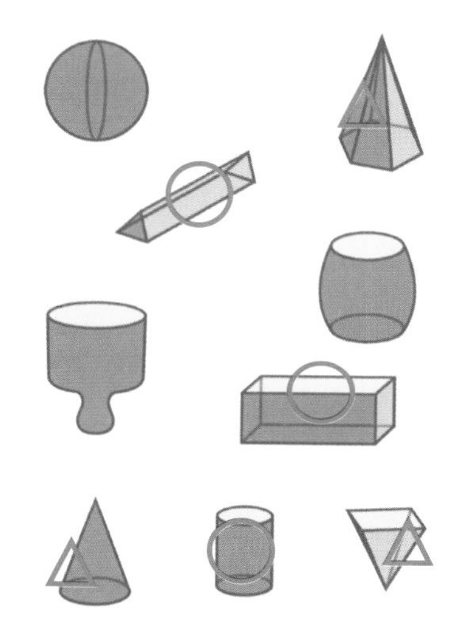

27쪽

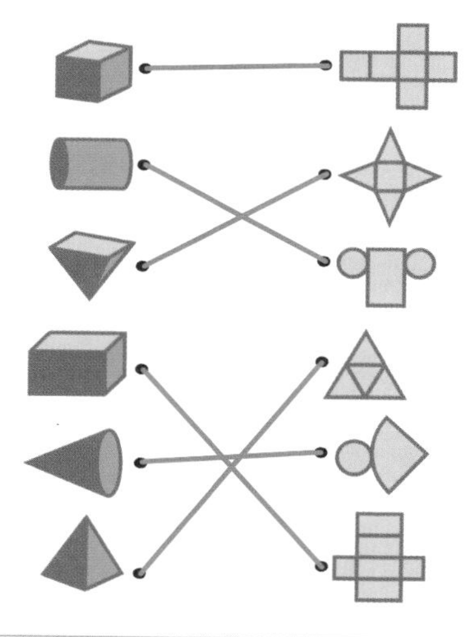

28쪽

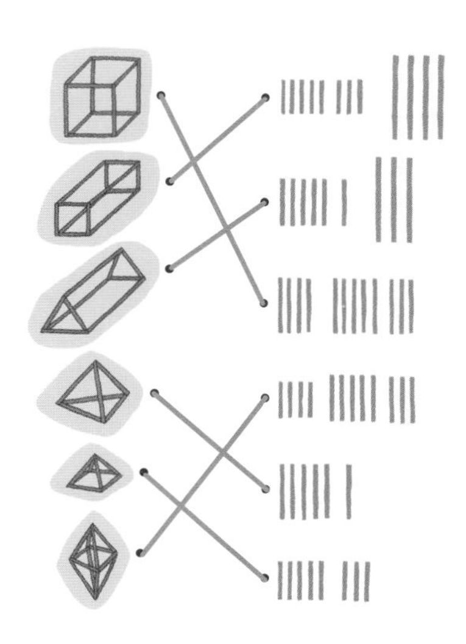

29쪽

7, 2, 3, 8, 1, 5 / 6, 3, 10, 8, 3, 2, 7

30쪽

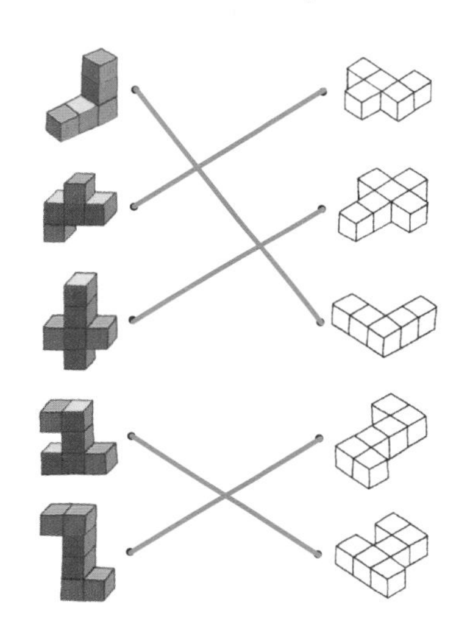